U0800974

立人天地

圣坛之火

剑桥大学本森教授日记选

THE ALTAR FIRE

【英】亚瑟·克里斯托弗·本森
Arthur Christopher Benson
王少凯／译　孔　谧／校

黑龙江教育出版社

目录

CONTENTS

THE ALTAR FIRE

圣坛之火

目录

CONTENTS

THE ALTAR FIRE

目录

CONTENTS

THE ALTAR FIRE

圣坛之火

目录

序言

本书讲述的内容有些神经兮兮的，也许一些人会做出这样的判断，或有这样的感受。的确，本书与疾病相关，它讲述了一个备受疾病困扰的灵魂的故事，但并不是所有与疾病相关的故事后面都隐藏着一种病态的心理。如一篇研究癌症的学术论文，它是从病理学的角度去写的，就不存在所谓的病态问题。近几年，为公众利益着想，人们常把疾病当成一种自然现象，不再讳莫如深，也不再妄加非议，认为疾病是魔鬼附体，把患有精神疾病的人独锁空阁，与人间隔离。然而，从一个极端走到了另一个极端，有的人竟然认为遭受心智困苦之人，是异想天开的幻想家，认为他们只要意志坚定，多融入五彩斑斓的现实社会，就可恢复正常。这种想法愚蠢透顶，让人对此类病人缄默视之，失去了同情之心，也抽回了援助之手。卡莱尔[①]和兰姆[②]的朋友普罗克特夫人[③]，一位睿智而坚忍的女人，就叮嘱一位总是外表病怏怏的年轻人说："千万不要告诉别人你的健康状况！他们根本就不在乎。"在某种意义上，这个建议充满善意，也非常明智。人们通常认为，只要意志坚定、藐视痛苦，就可以把痛苦束之牢笼。但是面对痛苦如果从积极意义上讲，遭受

---

①托马斯·卡莱尔（1795—1881），苏格兰评论家、讽刺作家、历史学家。

②查尔斯·兰姆（1775—1834），英国散文家。

③普罗克特夫人（1825—1864），英国著名女诗人，当时大家习惯叫她"普罗克特夫人"，终身未婚。

痛苦的折磨也许别有一番深意。痛苦，绝不是拙劣的错误、善意的失误，而是多彩世界不可或缺的一幕。

痛苦或许已经过去，或许正在疯狂肆虐，或许即将袭来，不管怎样，我们都必须面对，又何必刻意隐瞒呢？大千世界，芸芸众生，一人的坦诚会让无数人受益。最暗无天日的苦痛来自于可怕的与人隔离的孤寂。如本书能播撒一缕微茫之光，让世人感受到一丝光明的福祉，本人将不胜满足。痛苦中没有病态，坦诚中没有病态。对痛苦漠然忍受，认为痛苦无可救药，难以避免，才是万病之源。本书的目的也在于表明：痛苦有法可医，有药可治，是万能仁爱的天意之温情所在。

剑桥大学莫德林学院

亚瑟·克里斯托弗·本森

1907年7月14日

导言

本书所记载之事，是一部苦痛缠绕的朝圣之旅。作者一路磕磕绊绊走来，悲伤与忧郁如影相随，从未停止过纠缠。本想让这朝圣之旅自我代言，但现在只能说，公开这样一部隐秘而大胆的笔记，一定要承担某种责任。首先我必须考虑，也许是出于本能，作者写这本日记意在何处呢？这并不是说，作者必须为意图所左右。但他必须把自己的本意与本书对读者的价值作以衡量，尤其是书中所记载的人物对本书发表的感受。但是，我不得不承认，对整件事的所谓衡量标准其实都是虚假的、因循守旧的。假如一部有二百年历史的神圣而隐秘的日记，在家中的旧书堆里被发现，假如作者或书中提及的人物不想让书见光，就以隐私为借口极力反对发表，那么，只能遗憾地说这种借口不可理喻。逝者尊严不应受岁月流逝的影响，对这一观念执着的恪守，我们表现得非常脆弱。把几年前过世者的尸体挖出曝光，这种行为会被认为是对死者莫大的亵渎。可人们却默认地质学家的所作所为，任由他们随意挖掘古埃及的墓穴，任由他们处置墓穴中的尸体。要是有人建议博物馆中展览的木乃伊应该送回到原墓穴中，人们就会嘲笑他多愁善感。刚去世几年的尸体公之于众，会让我们隐隐感到不安，认为这是对死者的冒犯。可是，我们却从未尊重过这些出身高贵、皮肤娇嫩的埃及女人的情感，她们本应在那个煞费苦心、精心布置的体面而周到的墓穴中再安静地待上几百年。对于这种情况，所谓的责任就无从谈起，涉及的人也都不会对于公开见光持有异议。即使作者本人，也根本再无想要隔离尘世、安然度日的欲望。本书作者已离群索居很久，他坚持认为自己有权利处置自己的隐私。此外，书中还披露了其他一些人的思想和情感经历，这些对于提升哀悼者和苦痛者的精神境界大有裨益。作者说过的话足以证明（有证据为证），否认他们的权利是极端自私的行为，他本人会坚决予以唾弃。他认为，我也听他说过，任何人都无权拒绝他人给予的慰藉之情，伸出来的援助之手。在可能的情况下，帮助他人卸去重负是至高无上的责任。他知道，世界上最体贴的同情是分享经历，是有能力慰藉他人，告诉他你也曾踏上过同一条黑暗之路，只不过在天堂圣光的照耀下才获得重生。我甚至可以大胆地推测，他写这部书的本意也在于此：减轻苦痛，慰藉他人。作为遗物，他把书稿留给了我，任我随意处置。对他的想法，我已心领神会。我想他唯一的疑虑就是这部书稿的价值是否名至实归，值得出版。在出版这件事上，无论会发生什么事情，我会始终要勇敢地承担自己应负的责任，对此我确定无疑。

我认为最好先介绍一下我朋友的性格以及他的经历。如果可能，我宁愿让他自己挺身而出，作一番自我介绍。但可惜最初的日记都是一些平淡的流水账，所以无法实现这愿望了。作者早年的自述已经写入书中，但他本人要比书中描述的生动有趣得多，所以我愿意把朋友眼中的他描绘一番。

我们初次相识是在大学期间，这种同学情分也奠定了我们终身不变的友谊。他是在灾难接踵而至的阴影下创作这本书的，这让人感觉似乎本书充溢着悲伤抑郁，但这根本不是事实。只有把他在朋友眼中的印象描绘出来，才能与之对比，知道它是否真实。

他是一位乡村律师的儿子，中等家境，受过与其他孩子一样的教育。他有一个弟弟和一个妹妹，年幼时母亲去世，之后上了一所重点中学，无论在学习还是在运动上，他都表现得平淡无奇。初见面时，我对他的印象是，他聪明、平和、友善、单纯、举手投足间有一股帅气，很愿意独来独往。他不指望出人头地，也似乎没有远大的抱负。我和他一起上的剑桥大学，并由此建立了亲密的友谊。我们志趣相投，都不太热衷社会活动。我们一起读书、散步、交谈、娱乐和游戏。我对他的依赖胜于他对我的依赖。的确，他从不在意与人建立紧密的圈子。他为人坦率幽默，魅力出众，善于观察。他不依赖任何人，情愿生活在自己的内心世界里。他有着诗人般的气质和丰富的想象力，喜欢静默沉思，很少兴奋到得意忘形的地步——至少，我从没见过他像其他青年人那样激情四射，蓬勃爆发。他喜欢志同道合的朋友，却总愿意独处。除非有明确的邀请，他很少去别人的寝室，却非常欢迎随时到访的客人。他谦虚内敛，我想，他也许从没想过自己会有什么社交才能和个人魅力。渐渐地我发现，他有着敏锐的思维和良好的判断力。过去以为他性情淡泊，没有什么特殊的爱好，现在却发现他对品评书籍和艺术有着超人的天赋。也许因为非常了解自己的弱点，他常常写诗，却羞于承认。我手边就有几段他写的诗句，虽不对仗，还有些瑕疵，却也热情洋溢，打动人心，显示了作者细腻独到的眼光。我想，他所拥有的远大抱负远远超出了我的意料，其中暗藏着一种对自己才能的自信，这是所有蓄势待发的强者具有的共性。总的说来，那些日子里他的穿着是一种冷色调。对待友谊，他总能坦然处之，这得益于他简单率直的性格以及强烈的同情心，这种同情心不是来自于冲动，而是来自于理智。这种平淡的交友方式，让他与朋友的交往有一个缓冲，所以他从未因此而有过多的烦恼。一次与他散步途中，我发现，他对大自然的美丽有着敏锐的洞察力，这不是对栩栩如生的图画产生的模糊的印象，而是对美丽景色细致入微的评断。他经常说，更喜欢那些小巧的局部景观，可以让人一览全貌。相比之下，那些广阔壮观的景象却让他感到难以把握。他的整个思想也是如此：喜好随手拈来的微小胜于把握不定的全貌。

我往往容易把他理想化，但回想起来，他确实有着独特的人格魅力。他思想单纯，体贴入微，虽非容貌出众，却也风度翩翩，举手投足潇洒大方。他的行为从不让人有局促尴尬之感，他也很少在众目睽睽之下长篇大论。他的敌人少之又少，密友也是屈指可数。剑桥大学欢乐的时光飞逝即过，在此期间，很少看见过他情感的外泄。终于有一次，在离开剑桥前夜的晚会上，他按捺不住内心的情感，朗诵了一首奥玛·海亚姆[1]的诗：

……

啊！玫瑰凋零，春天消逝，

散发浓香的青春也该掩卷休憩。

朗诵到此，他突然中断，泪水夺眶而出。

毕业后，我因生活所迫必须找工作，而他却不必为此烦恼，这让我羡慕不已。他告诉我，他父亲希望他自己做出选择。我猜想，这一定是他父亲非常疼爱他的缘故吧。他出国待了一段时间之后，我们在伦敦见了一面，当时他正攻读律师。这时，他已有了自己的职业。他写了一部小说，拿出来让我读。尽管他谦虚地说，这部小说还不太成熟，可在我看来已经具有很高的水准了。不久，小说发表了，引起了一番小轰动，这让他下定决心致力于写作。他的兢兢业业，废寝忘食，让我有些吃惊，明白他是第一次真正找到了自己喜欢的职业。那些日子里，他大多在家写作，也偶尔在伦敦逗留，以便与人交往。这段时间我对他了解不多，但我猜想他肯定有了一些社会声望。他不善言辞，无法想象他怎样做才会逗得大家哄堂大笑。但他沉静、幽默、富有同情心，身体也一直非常健康。他坦诚友善，平易近人，不知疲倦，从不发脾气，很少以自我为中心，也执着于对人格的研究，这使他能善解人

①奥玛·海亚姆（1048—1131），波斯诗人。

意，与他相处从不会令人感到无聊。他的书不断付梓出版，这些书虽非书中精品，却也幽默诙谐，入木三分，一本胜过一本的出彩。30岁时，他已成了最有前途的年轻作家之一。可之后他做的事情却出人意料。他与格洛斯特郡①一位牧师的独生女坠入爱河，爱得死去活来。这位牧师出身高贵，家教良好，视女儿为掌上明珠。女孩的母亲早亡，父亲也在她婚后不久去世。女孩非通常意义上的聪明，也非想象中的我朋友所喜欢的类型。他们在萨里郡②的一个小村边建了座房子，定居下来。三个孩子相继出生——一个女孩，两个男孩，其中的一个男孩只存活了几个小时。这段时间，他几乎不来伦敦，非常满足于这种恬静安逸的乡村生活，让我感到有些不可思议。开始时，我常和他们待在一起，这个家庭是我见过的最幸福的家庭。房子很大，很舒适，带一个大花园。婚后不久他父亲去世了，留给他丰厚的遗产，让他可以无忧无虑地继续从事创作。

他的妻子是位虔诚的教徒，她至真至深的善良和同情心让她与大家建立了良好的关系。她认识镇上的每个人，可以自由地出入他们的家庭，成了无数家庭值得信赖的朋友和依靠。她绝无所谓的狭隘的教区意识。与那些高调的女慈善家们截然不同，她从不故意显得忙忙碌碌、精明能干，而且她经常去的人家都是那些普通的邻居和朋友，而非她的救济对象。她的善良自然而随性，让她总能及时出现在悲伤与痛苦的场所。与他的妻子不同，我的朋友总需要努力地融入大家。但必须承认，也许得益于妻子的缘故，再加上他的彬彬有礼，简单质朴，也为他赢得了大家的尊重和人缘。这些事情从日记中是无法捕捉到的，他自己对此也毫不知情，恐怕是因为他对自己天生的魅

①英格兰西南部的一个小郡。

②位于伦敦南部的一个郡。

力根本没有意识，总莫名其妙地担心自己让大家感觉枯燥无聊的缘故吧。他告诉我，之所以很少拜访朋友，就在于他感觉离开工作，一切都变得索然无趣。创作是他的职业，更是他的娱乐方式。有些人工作起来通宵达旦、废寝忘食。而他却不同，他总是满怀喜悦、却有节制地进行创作，从不疲于奔命，但肯定是坚持到最后的人。有时写完一部书后，他会休整一个假期放松一下，但从没有一天不进行创作，而且从未感觉到辛苦劳累。他们的生活平静安逸，不时有朋友来来往往。但他更喜欢客人一个人来，或者是一对夫妻来，这样他就不会受到打扰，可以继续工作了。看到客人需要的东西都准备全了，他就悄然退出，回到书房继续创作，直到晚饭时再重新现身。妻子对他呵护有加，把一切都打理得周到妥帖。显然，不用特意的吩咐，她就完全能领会到他的心思，并且按照他的意愿安排每天的活动，让他不必为此劳神费心地反复叮嘱，也感觉不到自己受到了特殊的照顾。妻子所做的一切，他可能毫无察觉。当然，虽然他喜欢所有的一切都被安排妥帖，但却讨厌方便自我、麻烦他人的做法。在他家做客时，一家人让你感觉惬意愉快的同时，你还可以体会到精神上的享受。谈到乡村生活时，他滔滔不绝，妙语连珠，绝对是个不会让人感到乏味的谈伴。尤其到了晚上，他愈发和蔼可亲，一举手、一投足都是那么令人倾倒。他有着诗人般的浪漫气质，情感细腻，语出惊人，谈吐间洋溢着迷人的魅力。在我所认识的人当中，无人可望其项背。

孩子们也非常聪明可爱，一家人和和气气，互敬互爱，一幅幸福快乐的家庭场景，像一股和煦的春风在朋友圈中飘溢。人们常常感到，有客人来访时，这是一个幸福快乐的家庭；客人走后，它仍不会归于枯燥乏味。客人的离去让他们回归到远离人际喧嚣的平静生活，这种生活既神圣又美好，充满了浓浓爱意，也决不矫揉造作，呆板单调。在此期间，我朋友已经取得了巨大的成功。婚后，他的创作少了一些，没有了创作的新鲜感，也缺乏了往日的激情。他常常重复写一些场景和人物，就连人物的思想和语言也变得程式化。我想，这可能是真实的生活远比艺术创作更有情趣的缘故吧。这时，他的一本书出版了，几乎令他一夜之间家喻户晓。在这本书里，他运用细腻老练的文笔，如手术刀般精准的感觉，透彻而独到的分析能力，让这本书充满了无穷的艺术魅力，从而异军突起，蜚声文坛。在这部书里，我找到了一种在他先前的作品里从未体验过的感觉，他在书中酣畅淋漓地表达了自己的思想，并取得了理想的效果。也许除了作者本人之外，所有人都认识到了这部书的价值。书出版后，他到国外待了一段时间。之后，他返回故里。正是在此期间，这本日记诞生了。

他回国后不久，我去看他。本以为成功会让他意气风发，神采飞扬，可出乎意料的是，他却看起来神情沮丧、焦躁不安。他告诉我，自己已心力交瘁，江郎才尽。在这本日记中，无法读出他往日的翩翩绅士风度和超常的忍耐力，有的只是他无时无刻与抑郁所做的顽强的抗争。这些抗争刻骨铭心，催人泪下。他从未抱怨过，也尽量克制自己，避免在我面前流露出来焦躁不安的情绪。的确，在我看来，他一直以谦谦君子的形象出现，而眼下，他正面临着一场冷酷无情的考验。这场考验让他茫然无措，但他倾尽了所有的力量，以英雄般的意志与这残酷的考验进行斗争。他花了大量的时间读书、散步、教育孩子——这项工作，他做得尤为出色。可是，人生的灾难接踵而至。他的儿子，一个聪明可爱、多才多艺的孩子不幸夭折；接着他破产了，大部分财产一夜之间消失殆尽。他用惊人的平静心态处理了财产损失的善后事情，然后出租了自己的房子，搬到了格洛斯特郡[1]。在那里，幸福又开始降临在他的头上。如日记中所记载的那样，他结交了一位新朋友，一位

---

①英国西南部的一个郡。

乡里的绅士，虽身有残疾，但性格刚毅，依靠一种常人难以理解的神秘力量掌控着自己的人生。他开始与当地人打成一片，并进行了各种各样的尝试：普及教育、与人交往。不幸的是，他的妻子又病了，而且突然间离他而去。不久，他的女儿也撒手人寰。他彻底崩溃了。之后，在他的请求下，我和他一起在国外住了一段时间。后来因生计所迫，我不得不回到了英格兰。本以为再也见不到他了。对他而言，生命的春天已然逝去，唯一能让他继续生活的，就是顽强的忍耐力以及往日记忆深处的种种柔情。在国外期间，我们形影不离。虽从未看见他怨天尤人，但他为了忘记这悲伤苦痛的记忆而进行的种种凄苦的挣扎，却仍历历在目，难以忘怀。我回国不久，他也回到了英格兰。回国后最初的一段时间，他无精打采、萎靡不振。可突然一夜之间，他像变了一个人，重新振作起来。他开始接受这残酷的现实，承受住了失去亲人的悲痛，恢复了往日平和安静、不为现实所动的心态。我想，这是他人生观发生了变化的缘故吧。现在的他，满足于等待，乐于信任他人。就在这个时候，那位乡里的绅士老先生去世了。之后不久，老先生的侄女，一位性格坚强、纯真质朴的女孩，嫁给了她倾慕已久的一位牧师。后来，教区长的职位出现了空缺，她丈夫接替了这一职位，于是他们就搬到了教区长住宅区居住。我的朋友，作为老先生的最后一位继承人，把房产所有权转到老先生的侄女名下后，就搬离了庄园。他又领养了一个孩子——他妹妹的儿子。在各方同意下，这孩子长大后会成为他所有房产的继承人，同时是目前房产的经营者。过了大约15年的时间，我的朋友去世了。在他生命最后的那段时间，他的生活平静安逸，他自己也十分满足于这种生活。我常去庄园里看望他，他的朋友圈是我所见过的最有号召力的。他非常活跃，当上了地方行政长官，处理了很多镇里的事务。但他主要的兴趣还是在教区。在这里，他有许多挚友，是很多家庭的生活顾问。他经常做大量的户外运动，也读了不少书。他没有把外甥送到学校，而是亲自教育他。他的言谈举止又恢复了往日的魅力，不，应该说比往日更胜一筹。他的亲和力与幽默感，让我看到了他往昔的影子，只不过被赋予了更深刻、更丰富的内涵。过去的他光彩外敛，妙语连珠；现在的他柔情似水，浪漫有加。过去的他，对情感和信仰常常保持缄默；现在的他，已经获得了最出众的与人交往的魅力，能够轻松自然地与人实现“精神交流”（因本人言辞鄙陋，暂且如此称之）。记得他对我说过，在与邻居交谈中他了解到，世界上只有一件事情是所有人都感兴趣的，那就是宗教信仰。他微笑着说：人们对宗教信仰的投入要比罗伯特·沃波尔爵士①所说的多得多。在我看来，他并不是刻板的宗教信徒。相反，他反对教条呆板的宗教礼仪和教会活动，但却对原则性的宗教教理笃信不移，真心地虔敬上帝，友爱邻居。他目睹了养子的长大成人，他们之间的信任和挚爱是世间最纯美的真情。终于，他要远离人世。他曾告诉过我，他渴望死亡。但他的离开却令人始料未及。在病了一周后，早餐从椅子上起来的时候，他突然感到眩晕，然后不到半个小时，他就溘然长逝。

他去世后，我担负起整理他书稿的工作。这些书稿都是一些零散之作，没有完整的作品，而且都是在他成名之前创作的。经过反复思考，我终于决定要将这本日记付梓出版，我认为现在是最恰当不过的时候。

这本日记最令人动心之处是他的真诚、坦率。也许语调有些悲伤、压抑，但要是知道作者是以何等的勇气和坦诚将自己暴露在公众面前后，你就不会对这种情感有所挑剔。在绝望时刻，他曾说自己已品尝了自我卑微的苦酒。他坚持认为自己毫不道德，不能坚持忠贞的爱情，不能恪守为人处世的

---

①罗伯特·沃波尔（1676－1745），又译罗伯特·华尔波尔，英国辉格党政治家，罗伯特·沃波尔爵士是他在1742年以前更为人所知的名字。

人生美德，也没有耐心和勇气。他说自己一生怯懦，充满野心，渴求尊重，常为安逸左右。他还说自己慢慢才明白，人生的唯一出路（他自己从未敢放胆一试的出路）就是，绝对的信任和彻底的服从。他说，他唯一感到安慰的，就是自己已经尝尽了人生的种种悲苦。我安慰他说，他对自己的评判有失公允，过于夸张。他只是笑着摇头否认。他的样子让我记忆犹新。我想，正是在这一时刻，他触动了每个人内心最脆弱的地方。他已经找到了自己的出路，他一直在沿着这条路执着前行。

这里不是歌功颂德的地方。我的任务只是描绘出来他在别人眼中的形象。通过这本日记中的肺腑之言以及真情的表露，大家将会了解到他内心的真实世界。我想：人生之所以美丽，在于人能在不知不觉和循序渐进之中，弥补不足，实现人生真谛。他必须要面对接踵而至的人生悲剧，因此，他比任何人更珍视家庭的温暖和亲情，而当这种温暖和亲情被无情剥夺的时候，他只好从艺术创作中获得慰藉，填补自我的空虚。可在事业最辉煌的时候，他却又偏偏失去了创作的能力，这无异于雪上加霜。而接踵而至的财产损失，却并未对他真正造成灾难性的打击，因为他本来就对钱财不屑一顾。终于，在生命结束之前，他找到了他一直执着寻求的最宝贵的财富。记得在临终前他对我说，无论他对生命的感受如何，他一刻也未曾怀疑过，自己的生命就是对用心、有爱的人的一次教育。当意识到这一点，当明白了人生的每次经历都无不富有深意和价值时，是他人生最幸福的时刻。我不知道他在期望什么，或者在等待着什么，他把自己的未来，正如把自己的过去和现在一样，都放在了自己毕生奉献的值得信赖的上帝手中。

珀西·卢伯克（亚瑟·本森《日记》的编撰者）

上卷　人生之课

——穿越生命的迷茫

上卷

人生之课

生命就是对用心、有爱的人的一次教育。当意识到这一点时，人生就是最幸福的时刻；我们不能通过冷淡，也不能通过自暴自弃学会人生的课程；痛苦终有回报，错误使人警醒，罪过别具深意，悲伤也有仁慈；不必等待人生的黄金时光，只要为了探知人生的真谛，没有一刻不是人生的黄金时光。

1888年9月8日

瑞士

在采尔马特[1]度过了一个愉快的假期后，昨天我们回到了家。我们在采尔马特整整待了2个月。在那里遇见了许多可爱之人，过得非常快乐。那里天气晴好，可以长时间地散步，悠闲地读书，尽情享受户外生活的美好。但我并不喜欢瑞士。那里有无数巍峨壮观的景致，而真正让人心驰神往、耳熟能详的微观美景却寥若晨星。那昂然耸立的山峰，斜插云端的皑皑白雪，冰层覆盖的残岩巨石——到处都透露着威严与神秘。我们无法知晓那里在发生着什么、它们在期盼着什么。它们根本透露不出人类的讯息，甚至与人类毫不关联。每个星期，人们都要到闷热却整洁的礼拜堂听布道，由一些当地有名的牧师进行传教，内容是关于休息的必要性或是满怀敬畏领会上帝杰作的益处。瑞士的山脉庄严巍峨，却只让我感到了人类在上帝的心中以及他的神圣旨意中的渺小。如果是一名福音传道者，需要静思冥想时，我决不会在这些大山中践行。因为那样我会强烈的感叹《诗篇》中传教士所言："人类究竟是什么，让上帝如此警觉？"我会为此感到深深的沮丧。我常常认为，人类来到这个世界就是为了遭受痛苦，这是人类的宿命。而一直在遭受冰冻、荒芜折磨的大地，也对生命充满敌意，它更应该得到救赎。日复一日，在高高

①瑞士南部一村庄。

的山峰之间，我时常感到一丝困惑，纠结于如何解释一些奇怪的现象：那些残岩、冰挂如何常年顽强地生存下来。显然，这与人类毫无关系。至少，很难想象它们的存在是为了让人类置身其中，悠然的休憩。

穿过瑞士翠柏浓郁的山谷，路过了一个建在高地的山村。山村景色宜人，村舍聚拢在一座带着尖塔熠熠闪光的教堂周围。木屋蓝色罩面，上面高高的飞檐恣意卷曲，鸟瞰着周围的一切。我禁不住触景生情，瑞士也许真是一个休养生息的好去处，山谷、高峰和雪地都为它提供了天然的屏障。再往上走，到达山顶，你就会发现瑞士其实是由一片贫瘠的山脉所环绕，到处是一望无际冰冷的山石和冰川，只有山地上才露出几道浅浅的绿意。在这里，人们为了生存必须弯腰弓行，要知道人类毕竟只是上帝宽容的产物啊。

奇怪的心情

一天，随向导出行看日出。远处，一抹朝晖潜藏在荒凉、阴翳的山脊之中，缓缓升起。随后，一道橙黄的光芒从天而降，它棱角分明的蓝色阴影映衬着残岩雪地，柠檬色的光辉穿透如火的金色，把金色染成了猩红。太阳慢慢隐去锋芒，栖息在不安的山海之中，将余晖撒向大地。还有更惊艳的景色呢！冷峻的山脊变成了深色的高脚杯，冉冉升起的太阳光芒四射，如洋溢着醇香的美酒倒入杯中。这迷人的景色让我阵阵狂喜，神魂颠倒。这令人目不暇接的美景意味着什么？这华丽而肃穆的一切，溢满孤独、难以触及的神圣。世间万物又意味着什么？也许我们见过的每一颗星辰，在夜晚过后都会渐渐隐去光芒，但它仍会被各种类似地球一样的行星如光环般环绕，在这光环之中、星辰之上，栖息着我们从未梦想过的生物。毋庸置疑，在无数的星球之上，在某个太阳的中心，白昼的光芒正播撒在冰冷的山脊之上，唤醒了有感知的生命，它们虽处在遥不可及的天外，但仍满载着自己独特的敬畏、希望、文明和历史。这是一种多么充满神奇、令人陶醉的遐想啊！

空虚的心灵

在这浩渺的宇宙之中，渺小的我身居一隅，正心驰神往，庆幸自己能成为这浩渺世界的观众，成为这难以捉摸的宏大奥秘的参与者。然而，我却突然感到 阵疲倦，不禁感慨，再强大深奥的生命和自然规律都抵不过长时间的思考之后思想的倦怠。脑力，这种神圣的感知和想象的力量，与渺小脆弱的知觉相比，只会自惭形秽。知觉真是一种奇怪的东西，它常伴有强烈的想去了解、认知的渴望，却常因恐惧走向黑暗而让人浑身乏力，畏缩不前。我不禁好奇，为何人被赋予了认识纷繁复杂的万物的能力，却没有被给予认知万物存在意义的能力。人们渴望投入上帝的怀抱，倾听他的谆谆教诲。然而，却常被笼罩的阴影羁绊着，常被无情地驱赶回陈腐局促的生活，为责任、劳作、饮食、睡眠所困扰，尤其还要与我们一样无知的其他人，与那些骄傲自大之人建立良好的关系，耐心聆听他们自以为是的对世界万物的阐释。即使是爱，也时常有阴影笼罩。虽然我与妻子莫德亲密无间，却仍无法告知她任何宇宙的奥秘。反之，她亦如此。我们心底无间，互相痴迷，分享一切希望和恐惧，但却随时会天各一方。我的孩子埃里克和麦琪，坦诚的说，比我的生命更加珍贵。我们赋予他们生命，他们用声音伴随我的创作。他们又该怎样？虽然他们对此一无所知，然而他们每个人都是独立的个体，有着自己的思想和未来。我那个未及起名的儿子，6年前刚睁开双眼看了一眼这个世界，几个小时后就匆匆合上。他现在身处何地？抑或无处不在？他知道他给我们生活的喜悦和悲伤吗？我宁愿相信他知道。这些想法漫无边际、虚无缥缈，全都来自一个此时正凝视深渊之人。无论谁都会说，这里景色宜人、令人神往，可我却感到有些枯燥。距离上次出书已经6个月有余了，我一直在刻意休息。我身体无恙，没有任何不适。以往，脑海里装满书稿，林林总总的想法接踵而至，写书的计划恐怕也早已吐枝发芽。可现在，生命中第一次，头脑一片空白，思想的土壤贫瘠荒芜，似乎陷入了可怕的沉闷和寂静当中。并不是所有的一切不再美丽，只是美丽似乎已不再对我有任何意义，任何启示。人流如魑魅魍魉般在我眼前穿梭来往，我对他们的一切：事业、思想、希望和挚爱，提不起任何的兴趣。只是感到生命如此短暂，前途如此渺茫，所有的一切都已毫无意义。写出这样的话来，似乎表明我已病入膏肓，可实际上，我既未病入膏肓，也未消沉抑郁，我的生命仍然悠然惬意。这几个月来，我从未劳心费神，也无任何不满，只是兴趣索然而已。我想，这是一种思想的倦怠。我已耗尽所有积蓄的水源勾勒出了真实的自我，思想的源头需要再次蓄满。然而，写作生涯不应有疲倦，也许我该隐藏自己的倦怠。我比想象中的富有，莫德和孩子们也都健康强壮，外表看来一切都安然无恙。真希望熟悉的场景和愉悦的家庭生活让我再次产生创作的欲望。我知道，家庭生活对我是多么重要，为了家庭，我必须重拾笔墨。

我说的已然够多了，而写日记却带给我不一样的乐趣，可以让我回顾过去，追忆流逝的往昔生活。我欠下的书债很多了，有许多书稿要处理，而我却只顾享受风景，尤其像今天早晨这样做一些毫不相干的事情，这看起来是多么不合时宜呀！也许该像鲁宾逊·克鲁索[①]那样，列出事情的种种好处和弊端。显然，我这么做没有任何好处，可是弊端却显而易见。

①丹尼尔·笛福的作品《鲁滨逊漂流记》中的人物。这本小说被认为是第一本用英文以日记形式写成的小说，是英国第一部现实主义长篇小说。

1888年9月15日

家

再次回家，又能置身于熟悉的环境中了，心中充满甜蜜。家中的一切——画像、书籍、房间、树木、友善的人们，都似乎在耐心地期盼着我们的归来。今天，我和花匠怀特——他是一位非常尽职尽责的花匠，一起去散步，我们走了一个小时。散步期间他所说的话让我深受感动。他说，很高兴看到我回家了，没有我在家他感觉很无聊。我外出期间，怀特以他惯有的平和与诚实默默地做了50件小事。我们大家都注意到了，这让他感到非常高兴。埃里克一整天都和我待在一起，他充满童真率性的行为，每每让我捧腹大笑。凉亭当中有一个木马因我们外出无人照顾，现在变得鬃毛杂乱无章，浑身湿漉漉的，神情木然呆滞。见到木马这种无人照顾的可怜巴巴的样子，埃里克竟然悲伤得流起了眼泪。“你以为我们会忘了你吗？”他抱着它说道。我就逗趣建议他给木马好好吃一顿。

“我想它不喜欢草料，”埃里克若有所思地说，“应该专门给它喂些树叶和浆果。”

木马于是得到了很好的照料。莫德去看了一些退休的老朋友，回来时神采奕奕，向我讲述了足有二十个故事，都是关于朋友们如何热烈欢迎她的场景。有两三个人过来和我商谈公事。能对他们有所帮助，我也非常高兴。下午，我和莫德一起出外散步，我们走了很长时间。我们吃惊地看到，周围的一切都已恢复如初。夏季已过，稻田已收割完工，收起的庄稼在草场上悠然地聚拢在一起。一辆汽车向山谷驶来，单调的回乡之歌一路伴随而至。下午茶后，夜幕降临，我回到书房，取出笔记，呆看着罗列的题目，一筹莫展。题目中有一些新鲜的想法，却都没有成形。我感觉度假归来后，再浏览这些题目，就像吹泡泡。新鲜的想法如泡泡一样从碗中旋转着升到空中，越变越大，像五彩流光的金球飞转着，映射着房间和人影。然而，今天并非如此。大脑如即将燃尽的火苗，摇曳闪烁。没有压抑，没有悲伤，只有默然和枯燥。当精神在凝神倾听时，它也会吐出气息。很奇怪，思想竟会变得如此困顿，没有任何灵感可言，更不用提任何令人为之一振的想法了。而让思想兴奋起来，只有当书稿在脑海中带着些许神秘隐隐出现的时刻才有可能。无意中瞥见房间中窃窃私语的人儿，望远处看：或者在寂寞的山路上策马飞驰，或者两人在铺满月色的花园中悠闲地散步，柏树在草坪上投下疏影，两人停下脚步倾听树丛中夜莺的歌声，他们脸对着脸，生命的激流随着嘴唇的相遇、随着发髻的阵阵幽香、随着心中升起的股股暖流而交融迸发。只有在这样的时刻，我的思想才会悄然兴奋起来。然而今天，我毫无感觉。索性抛开手头的一切去看孩子。我受到了热烈欢迎，加入了他们好玩而荒诞的游戏中。晚餐过后，又坐下看书。看了一会儿，就开始与莫德聊天。莫德安静地坐在火炉旁的角落里。一切都是那么静谧和谐，温馨惬意，这就是我温暖的家啊!待在家里真好。徒劳地去追寻虚无缥缈的他物填补思想，该有多么可怜啊！那只会抹杀这温馨而珍贵的一切。莫德询问了我上本书的出版情况，我如实告诉了她，她感到非常骄傲。她看出来我心中仍有不安的阴影（女人为何如此敏锐，可以预知所有的一切？）她安慰我，说了一些我没有勇气对自己说的话。上部书已让我心力交瘁，我该继续休息一段日子。谈了一会儿，我恢复了平静，外出抽了阵烟。这时，那阴影又如鬼魅般袭来，让我烦躁不安起来。过了一段时间，终于，我悄悄走进沉寂的房间，躺下来，听到妻子均匀的呼吸，又有了回家真好的感觉。慢慢的，意识模糊起来，奇思怪想浮了出来，我沉入了梦魇。

1888年9月18日

令人心痛的回信

一上午都在打点事务，处理书稿和信件。关于上部书的剪报已经堆积成了小山，这让我终于确信这部书取得了成功。开始时，这本书只发行了几千册，然后才攀升到了几万册。于是，形形色色的人物和成堆的信件纷至沓来，有的叫人感觉愉快，有的令人欢欣鼓舞，有的只是表达谢意，有的却显得或者粗俗无礼，或者过分亲昵。我真想知道，到底是什么力量，让这些人鼓足勇气向一位素昧平生的作者坦露思想和经历？来信的人当中，有些人固执地想获得所谓具有洞察力和同情心之人给予的同情，有些人狂热地渴望成为有趣的人，希望被写入书中；有的来信浮想联翩，不可理喻；有的是人性本能的表白，心迹的表露，内心悲苦的发泄。大部分来信值得同情，让人感动，甚至令人心碎。一位残疾女士说她想认识我，问我能否屈尊到英格兰北部去见她一面，还有一位自命不凡的男士，大言不惭地邀请我与他共度一周。他说，他一无所有，只有陋室、粗蔬，但他对我所涉猎的问题有着深刻的思考，可以为我点拨一二。难以想象，他该有多么高雅的品位和博大的智慧呀！有些人咄咄逼人，说我剽窃了他们的思想，由于他们自己疏于将想法付诸笔墨，才让我占了先机。有些人索要我的签名，想与我进行“情感交流”，提出对新书的建议。有人提议说，如果我能写一本具有现实意义的书，比如说写一本有关活体解剖的书，那将会功德无量。一些善良人士、作家和评论家对我表达了谢意，感谢我写出了这样一部既有现实意义，又有艺术价值的作品，这样的来信让我格外珍惜。另外还有一些人却百般挑剔，认为这部书并没有反映出作者的真实意图。下面这封来信就让我感受到了切肤之痛。这封信来自我的一位老朋友，他认为我在书中丑化了他的形象，对此他非常不悦。最糟糕的是，他所说的铁证如山，令我难以辩驳。表面看来，我的性格、习性、风格都有些自以为是，所以听到他的感受，我马上修书一封，为自己的粗心大意真诚地道歉，并向他坦诚，书中人物并非他本人。但毋庸置疑，我的确下意识地摘取了他的一两点特征。我还说，我真诚地表示歉意，希望他不要多想，我比以往任何时候都珍视我们之间的友谊。他的回信如下：

亲爱的朋友，当你把痰吐在一位路人的身上，几天后才写信道歉，并向他暗示，因为已成事实，所以请求他忘记一切。这表明，你并不想修复你们之间的关系。

你希望在发生这一切之后，我们之间不存在任何芥蒂。那么，我只能说，你所做的事情对我已构成一种伤害。我不想以牙还牙，进行报复，而且如果将来有机会能为你做些善事，我定会义不容辞。要是听说你受到不公平的待遇，我一定会为你挺身而出。但如果你让我说，自己没有感到一丝的委屈，还像以往一样想与你交往，一如既往地信任你，我只能说抱歉，我无法说出这样的话，因为这是彻头彻尾的违心之言。

我当然知道，塞翁失马焉知非福的道理。我想，如果没有对个人隐私的侵犯，就不会诞生心理小说了。你一向鼓励朋友要相信你，向你敞开心扉，可你却在书中把他描绘得像个小丑，所以他有足够的理由鄙视你。对此，你也不必感到惊讶。听说你的新作取得了巨大的成功，你一定会为自己的坦率直言而沾沾自喜吧。请不必再为此事过于计较，非得弄个水落石出。我将努力忘记这件事，如若成功，定让君知。

你真诚的朋友

这种信会毁掉你的生活，让人生变得索然无趣好一阵子。尽管知道自己无任何背叛朋友之意，可却已然成为背叛朋友的小人。遇到这种情形，可能有人会发誓不再动笔，可我却无法做到。过了不久，我忍气吞声地写了封回信。我也曾尝试忘记此事，但它毕竟已成为长久友谊的尴尬结局。

我又转过头看了书评。书评写得优美典雅，充满敬意及溢美之词。当然，我对此并不全然在意。一位热情洋溢的书评人，甚至认为我已跻身当代一流作家的行列。对此评价，我虽未忘乎所以，但难免有些沾沾自喜。小说的布局构思、写作风格、人物刻画，都大受褒奖。毫无疑问，这本书取得了前所未有的成功。即便自己有时也产生过怀疑，但编辑和出版商源源不断的订书单以及他们提供的丰厚条款，都让我的疑虑跑到了九霄云外。

我的书

那么，对这所有的一切，我真实的感受又如何呢？我不得不站在自己的角度说上几句。首先，我当然是喜不自禁，但奇怪的是，并不是惊喜异常。我可以淡定地说，自己并未被成功冲昏了头脑。我想，如果初入文坛时就能获得这种成功，我肯定会高兴得忘乎所以，会信心满满，意气风发，甚至会成为飘飘然如不知深浅的井底之蛙。即便现在，在实现了某种愿望之后，也会产生强烈的满足感。相比于满盆的金币，我更感激自己沾上了好运。我想，自己一定是撞上了好运，找到了金子或珍珠的宝藏，而不是自己做的有多么漂亮。对于写作，我一直有一种宿命的观点，有事可写，有才会写，而这些都不是努力得来，完全是命运的青睐。反思之下，我觉得这部书不过是把一个优美动人的真实故事讲述出来而已。我从不认为自己会造福于人类，充其量只是有点小才气，能博得大家开口一笑。这当中的奥秘究竟是什么呢？我只是通过我的笔激起了人类生命中那些美妙、温柔、浪漫的幻想而已。毕竟思想和情感已然存在，随时待命，如同等待音乐家唤醒的天籁之音，其实早就在动人心魄的琴弦上沉睡着。我什么都没有创造，只是感知和表达了某些现象。在这一过程中，我也未曾获得任何理智、耐心和智慧，对于生命和爱的奥秘，仍像写书前一样孤陋寡闻，知之甚少。就像科学探险者，发现了某些深奥的原理和方程式，而实际上，这些原理和方程式早就存在。科学家和作家一样，禁不住诱惑，屈从了自己的幻想，以为自己能识别和使用它们，就可以理所当然地将它们窃为己有，当成自己的发明创造。至于我的写作风格，虽受人赏识，但它并非汗水积累的结果，而是天性使然。因为喜欢，我才去写作。那种绞尽脑汁、排除万难、学会把隐晦模糊的东西清晰地表达出来的感觉，对我来说是一种愉悦。如为此而受到赞誉，我感觉受之有愧。如果从不入流的作家华丽转身成为备受瞩目的作家，也许值得庆贺。而我一直从事创作，并未有何质变，只是写起来更为熟练而已，自己并未成功体验到真正的满足感。

声誉

我感觉，心中一直被一个阴影笼罩着：不想走下坡路、不想表现逊色、不想衰落下去。不知道还能否写出更胜一筹的书来，只希望新书至少不逊色于上一本。有过成功的历史，就不喜欢体验失败。到达一定的高度，就很难再降低标准。但要做到这一点谈何容易，不仅需呕心沥血，更需体会到浑身洋溢的幸福感，而这又非我能力所及。写这部书时，我是幸福的，幸福到极点。我点燃了灵感的焰火，看见它像铁水一样涓涓流入模具，凝固成型。这才是至真至纯的幸福！我能再次锻造出这样的模型吗？能再看见金锭在炙热的焰火中熔化吗？能再次激起灵感的火花吗？我一无所知。我已成了文坛名人。我渴望成名吗？当然渴望，但在某种意义上又不渴望。我的要求不高，不想抛头露面成为社交高手，被人指指点点，这会让我感觉很不舒服。人们所渴望的华丽的辞藻、耀眼的才气，我根本无法给予。我只想悠然自得地坐享一日三餐，不愿意成为高朋满座的盛宴中的一员。相比于达官显贵，我更愿意接触有趣的平凡人。如果心境更纯净一些，就不会在意这些事情，只需感激生命中日增的温暖和惬意。而我并非心境纯净之人，常为无法满足人们的期望而心存愧疚。此外，我也根本不是慷慨豁达、热血激昂的高贵之人，无法体会人性的伟大，更多的只是感到空虚。这绝非矫情之语，说到底，我只有一种写作才能，它已占据我的一切，吸干了我全部的本能。真奇怪，年轻的我曾对功名垂涎三尺，常认为功成名就可出人头地，享用终身。而现在看来，功名的意义已超出了我所期望的范畴，在某些方面甚至不是件好事。功名只是人生的佐料，绝非人生的主食和精髓。赞颂你的人如同宫廷中的侍臣，只有经过他们才可以来到幽深的书房，而这才是人生的终所。我不是忘恩负义的小人，我情愿把获得的一切都奉献出来，换取一段激人奋进的全新的友谊，以确保自己怀着与上次写书时一样幸福的感觉继续创作。也许我该担当起更多的责任！在某种程度上，我也深有同感。但我不会高估作家的道德义务。作家给人的是慰藉，而不是粮食。作家送人的是快乐，而不是温饱。当听说我写的书能带来一次慷慨的善举，或者一次平静的舍弃，我都会喜不自胜，这种快乐远远超出了如潮的赞誉。当然，从某种意义上说，赞誉使生命更有意义，但我真正渴望的是实现人生的价值，感受痛苦与喜悦的交融，平淡与狂热的更迭。现在看来，写书已经无法让我感受到这些。我感觉上帝离自己更近了。这纯属是一种感觉，没有任何证据可以证明。出于本能，我感觉到有颗圣洁之心在记挂着我，为了某一神圣的目的正用泥土将我塑造。是的，我愿意为他奉献世上的一切！莫德当然为我感到高兴，她认为我值得拥有这一切。唯一让她感到意外的是，世界为何未更早地挖掘出像我这样出类拔萃的人杰。上帝作证，我并无贬低之意。她的想法的确与众不同，不切实际，常让我感到自卑，因为我知道，她不知道她的爱人及丈夫那令人可鄙的孱弱和空虚。

我好奇，难道这就是成功人士对功名的看法吗？有些伟人终其一生也无法享受功成名就的快乐，但他们也因此更加幸福。少数富有慷慨人士，如司各特[①]和勃朗宁[②]，从未争名夺利，对功名利禄总是淡然视之。而一些有头有脸的人物却渴望功利，攀附虚名，甘愿为其奴役。除非名利让人如愿以偿，否则，终有一天人们会意识到它在人生中占据何等渺小的位置。我不依附名利，因为我已拥有自己想要的一切。倘若能心无旁骛地着手撰写下一本书稿，所有这些无聊的胡思乱想都会烟消云散。但现在，我的大脑一片空白，如干枯的果核一样只会咯咯作响。我必须要像布莱克[③]那样，虔诚地跪拜、祈祷了。

①沃尔特·司各特（1771—1832），英国作家，著名的历史小说家，欧洲历史小说的创始者。
②罗伯特·勃朗宁（1812—1889），维多利亚时期代表诗人之一。
③威廉·布莱克（1757—1827），英国第一位重要的浪漫主义诗人。

1888年9月25日

来访的客人

我亲身经历的一个社交活动的例子，很好地解释了斯蒂文森[①]所指的“小人物”的含义。附近县城里的一些绅士，本性温良，但好自作主张，总会出于客套不请自来，还顺便带上位名人。他们对我的书不吝赞誉，说威尔伯顿爵士想与我结交。威尔伯顿爵士名声在外，但我却并不想与他有特别的交情。因没有理由拒绝，我只好应承下来。这种强加于人的事情特别恼人，让晴朗的早晨蒙上阴霾，使人无法沉下心来写作。下午也没得空闲，绅士们和爵士一起来访。实际上，他们并非乏味无聊之人。相反，他们非常随和有趣。爵士见多识广，之所以想认识我，在于我已进入他的视野，他想接纳我成为他名人朋友圈中的一员。我自感才疏学浅，无以回报。我不善言辞，所以会面的大部分时间里，都保持沉默。客人们希望我是那种妙语连珠、风趣幽默之人，可惜那只是他们一厢情愿的最后一根救命稻草而已。威尔伯顿爵士语调温和，讲起话来滔滔不绝。还有哈丽雅特女士，她说非常羡慕我的写作才能，说这本书让她简直难以释手，问我是如何写出这么精彩的书来的。我无言以对，更不会编造瞎话敷衍。客人们与孩子相处得很融洽。他们还参

①罗伯特·路易斯·斯蒂文森（1850—1894），英国作家，19世纪末新浪漫主义文学的代表，最著名的小说是《金银岛》。

观了花园，对我家进行了一番赞誉。没法说房子简陋，他们就说房子很方便易行。没法说花园逼仄，爵士就说他从没见过使用得这么紧凑的花园。他们执意要看看我的书房，在那里还拿走了我的签名。因为签名所使用的笔就是我完成自己成名之作的那只笔，所以他们就说受到了“额外的优待”。虽然我没有这种意愿，但他们还是坚持让我们许诺去拜访爵士的城堡。我们互告珍重，一再道别，尽管我对这些礼节并不在意，但这种温馨的场景还是让我对他们渐增好感。

封建思想

今天，妻子告诉我，客人们向菲茨帕特里克斯一家提起了我，说他们很高兴认识了我，说我谦虚、朴实。这只是见到我之后，发现我并非超凡脱俗之人后，掩盖他们失望之情的一种礼貌说法。上帝呀，他们到底期望什么？我想，若我能夸夸其谈，神秘兮兮地揭示写这本书的动机如何神圣，创作模式如何高深，也许更符合他们的心愿。就像威灵顿[①]公爵的回忆录中记载的那样，当亲眼目睹晚年的公爵竟屈尊与客人一起共进晚餐并亲手点燃客房的烛台时，客人们不胜惊喜，热泪盈眶。也许我与他们的谈话应该更简单些、更坦率些。我不知道，对我而言，编造神秘兮兮的谎言，非常粗俗愚蠢。客人们心地善良、彬彬有礼，喜欢人与人之间的迎来送往。他们愿意谈论我和我的家庭，认为这样就会让我平等地进入他们的社交圈。当然，我也乐意进入，对此我毫不怀疑，也不胜感激。但我与他们毕竟属于不同的世界，没有任何共同之处。我属于中产阶级，他们属于上流社会，我从内心深处不希望

①亚瑟·威灵顿（1769–1852），英国将军和政治家。

跨越这阶级的雷池。我渴望加入那些志趣相投之人的社会，而不是令我只能仰视的社会。这个上流社会无法超脱世俗，封建贵族的思想流淌在这些人的血液中，充溢着享乐主义思想。虽然不是有意而为，但他们却本能地认为，能与他们结交是对他人的一种恩惠，如约伯所言："你们真是子民啊！"[①]但我并不想攀龙附凤，阳春白雪与下里巴人无法共处。我对自己的现状十分满足。生命苦短，秉性难改，更不用说学会另外一种习性。我与贵族阶层没有罅隙，从未想把他们拉回地面，而且随时认可他们上流社会的地位。总体而言，他们是具有公益思想、温文尔雅的野蛮人，视荣誉和尊严如生命般宝贵。他们经常将我认为格格不入的事物当成一种理所当然。因我经常招待贵族客人的缘故，怀特，这个自尊心很强、血液中仍具有根深蒂固的封建思想的花匠，对我的敬畏日益加深。我不愿与这些贵族打成一片，就像怀特不想与我私交过密一样。牧师的妻子告诉莫德，她听说我们总是举办一些宴席招待达官显贵，这样下去不久就会变成城里人的。这位可怜的女士对我的书格外高看一眼。我想，这绝非势利，纯粹出于本能和天性。但我想说的是，这是成功带来的福祉。但对于一个只想过那种自己熟悉的平静生活的内向之人而言，这根本就不是福祉。恰恰相反，这是一种折磨。今天，车站站长破天荒地向我举帽示意，这才是一种福祉。这真是一个有趣的世界。我从未想过，客人们也从未暗示过我，威尔伯顿爵士也许会成为我书中不可或缺的人物，他虽身居高位，但彬彬有礼，沉稳幽默，更重要的是，他很真诚！

①《圣经·约伯记》12:2—4，原文具有讽刺意味。

1888年10月4日

隐私

最近，偶然间读到一些杂志对名人的专访文章，让我对这些名人的精神和道德水准产生了深深的厌恶。我不是对神圣的家庭生活怀有强烈敏感的人，但如果肆无忌惮地把家庭生活写在杂志上，暴露给读者，我认为，至少是对圣洁的家庭生活的一种亵渎。家庭生活，在某种程度上，只能与最亲密的朋友分享，彼此心照不宣地保守生活的隐私，不让外人知晓。比如说，因碰巧住在某个名人家的附近而被其邀请共进午餐，我认为并不侵犯隐私。如某人有座装饰华丽的漂亮别墅，他家里人个个才华横溢，他本人也是社会名流，那么，能有幸一睹他家的风采是一种特殊的荣耀。而且来人越多越好，这样可以有更多的人见证他幸福而美满的家庭生活，因此人数绝不是个问题。假如某个社会名流邀请我到他家做客，因我有绘画才能，就把他家的房子、他本人和家庭成员都画了出来。如果他不反对——这种情况下反对，似乎有些矫情，不近情理——我会在书信中对他的待客之道，他的妻子、家庭、书房、藏书、花园以及他的言行也进行一番描述，并把这些展示给对这位名人感兴趣之人，或把书信读给不了解他的人。我认为，没有任何理由可以反对我这么做。事实上，盼望了解名人的生活和习惯是人之天性。往深层次说，如果一个人品行高尚，充满魅力，那么让大家了解一下他那有条不紊、富足幸福的家庭生活细节，未尝不是在丰富人们的知识，给人以启迪。

谁会认为让世人知道埃弗斯利教区的京士里家或弗雷什沃特家温馨感人、令人艳羡的生活是一种背叛呢？谁会认为欣赏这些家庭的种种温情，了解名人的言谈举止、音容笑貌是一种背叛呢？如果在名人传记中对以上种种情况的描写不是亵渎，为何在杂志中就是亵渎呢？我反对这么做，也许是传统思想在作怪。要想这些描述不成为一种亵渎，有一个前提，即你的描述要自然、简单、朴实。

采访

我所反对的采访要么矫揉造作，要么自以为是，要么傲慢自大，其目的都是为了粉饰作家。假如作家故作姿态地坐在灌木丛中构思作品或者诗歌，记者就可以随手照一张特写——尤其是作家脸上要挂着老鹰一般深邃的表情，似乎他正在酝酿某个惊世杰作——这种矫饰做作简直如地狱般令人感到厌恶。更糟糕的是，作家本人在与记者谈话时表现出的那种自我陶醉。在妻子在场的时候，一般人是不愿告诉素昧平生且心不在焉的记者，自己的灵感和激情来自于这个可爱的女人，他现在拥有的一切都归功于她无微不至的关心和支持。如果这样做了，就是一场最低俗的闹剧。妻子为他付出了许多，也许事实的确如此，也许他一直都有这种想法，只是等待一个机会说出来，但绝无可能在日常生活中习惯性说出这样的话，这会让人感觉他是刻意所为，其目的就是为了打动公众，达到煽情的目的。

这些读到的采访，让我如鲠在喉，感觉它们都像是事先排练好的一场演出。也许人们这么说，只是这种采访场合的权宜应对之策。但如果认为日常生活中人们经常说这样的话，如果认为日常生活中人们会像浪漫邂逅故事中的主人公那样一成不变的攀谈，那么，你肯定是头脑发昏了。

当然，这种采访能最大限度地满足人们对名人的猎奇心理。但是，读到这样的采访会让人感觉很不舒服，原因有二。其一，人们肯定不会认为这是名人的真实生活，只是他们在这种场合下追求煽情的应景之为。其二，想到这些有头有脸的人物为了媚俗，不惜放下身段做出这种矫揉造作之事，就会心情压抑。但我心中还隐隐希望，这种让人反胃的陈词滥调是记者的刻意安排，名人虽不情愿，但碍于情面不得不半推半就地尴尬同意。

一位著名的女作家把她满头金发的孩子们领到记者面前，骄傲地说："他们是我最闪亮的珍珠。"或者，她让孩子们与记者握手，记者问道："毫无疑问，他们是您最闪亮的珍珠？"作为母亲，很难愤怒地加以否认。但如果她木讷地点头赞同，问话中谄媚的意图便暴露无遗。这两种情况，有很大的区别。如不情愿接受采访，就无法判断出什么是最朴实的应对方式。我的感受是，倘若人们真希望了解我的生活方式、衣着嗜好、饮食习惯、阅读书目、居住环境，我会悉听尊便。这样，即使狭小逼仄、摆放着餐桌的餐厅照片，以及杂草丛生的花园的照片出现在杂志上，也不会削减家庭生活的神圣感，因为在某种程度上，这些事情早已为人所知了。但我躺在床上或者正在刮胡子时的照片，我却不愿刊登出来，因为这些都不是我接待客人的场景。我也不愿意把私下的闲谈发表出来，因为这些都不是经过深思熟虑后的成熟想法。但我希望与来访者随意的闲聊，即使谈话内容被发表出来，我也不会感觉丢脸。我也希望我们一起谈论宗教信仰和行为动机时，都能表现得体一些，既不夸大其词，也不傲慢无礼，因为这些都不是我通常的聊天方式。归根结底，有些名人过于追逐噱头，太想表现得比真实的自我更富有魅力，反而让采访变得索然无趣。出于善意，采访当然会对名人进行一番粉饰，把名人们描绘成比本人在智力、情感方面都更为出色，但这种行为会对他人造成某种影响。我亲身经历过一些名人采访。总的说来，他们的品位和谈话都令人失望。而品位、能力出众的人，却很少愿意腾出精力接受采访，也不愿在社交场合高谈阔论。他们把自己所有的精力都放在了做报告和出书上，很难再抽出时间和精力把高深的思想留给日常生活。可偏偏造化弄人，采访者通常都是些爱窥探他人隐私、搬弄口舌是非的不识相的陌生人，他们社交手段拙劣，品位低俗，所以往往把采访演变成了闹剧，对艺术效果和礼貌行为都造成了致命的打击。

1888年10月9日

诗人

经常有一些朋友慕名来访。几周前，我还成功地举办了一场时下非常流行的午餐会。但相比之下，我更喜欢朋友来访，因为它带给了我真正的快乐。昨天，收到一封来信。我非常敬重写信的人，我们见过两三次面。他是一位真正的诗人，也是位名副其实的歌唱家。他说他住在我家附近，问我他是否可以过来坐上个把小时一叙旧情？他是早晨赶到的。跟他一碰面，你就马上能体会到什么是英雄气概，明白那美妙的诗歌是怎样从这健硕的肌体如阳光一样传播出来的了。他所带来的温暖，不是那种我们处于太阳中心时可以感受到的那种炙热，而像喷薄而出的阳光瞬间绽放的光芒，惠播天下，恩泽万物。他身材魁梧，不修边幅，如同《荷马史诗》[①]中的帝王。我喜欢他从头到脚的每个地方。他穿着宽大随意的破旧衣裳，戴着一条色彩亮丽的领带，松松垮垮地挂着浮雕胸针。头发疏松蓬乱，胡须浓密。脸色略显苍白，但轮廓分明，散发着淳朴、健康的青春气息。他目光炯炯，爽朗的笑容掩盖了一丝淡淡的哀愁。进门来一番真诚的问候之后，他就大大咧咧地坐在了沙发上。他态度平和，言谈自如，旁征博引，妙语连珠，一旦发觉他讲的内容

①古希腊文学中最早的一部史诗，也是最受欢迎、最具影响力的文学著作。相传是由古希腊盲诗人荷马创作的两部长篇史诗《伊利亚特》和《奥德赛》的统称。

我不感兴趣，就马上转换话题。他有时变得激愤烦躁，有时又兴高采烈，但看得出来，每时每刻，每件事情，他都在享受生活。他目光敏锐，不放过任何微小的细节。我常常对新环境有一种恐惧和病态的抵触情绪。而他不同，就像总是难以得到满足的孩子，对未知的环境充满期待。他用骑士般温柔的语调和亲昵的态度向莫德和孩子们问好，仿佛他喜爱所有美丽温柔的事物，并享受与之亲近的快乐。他把埃里克放在膝上，边聊天边与他嬉戏。孩子们好像早就与他相熟，完全接纳了他。

他没有任何的矫揉造作和自以为是，他谦虚、有趣，知道感恩，就像一个穷人一样感激我们的恩惠。静下来时，我问了他的创作情况。

“不，我什么都不写了，”他微笑着说，“我想说的话都已经说完了”。

他话锋突然一转，幽默地调侃道：“如果纸好、印刷又精美，我可以再写点。”

我冒昧地追问道：“难道你没有写作的欲望了吗？”

“没有，”他说，“坦率地说，真没有了。世界上有那么多美好的事情要做、要看、要听，花费那么多时间爬格子，有时感觉多么愚蠢啊！你知道吗？”他接着说，“前几天，我听到了一个动人的故事。有一个人，穿行在偏僻得连上帝都不曾眷顾的地方（我想是安第斯山吧）遇到了一位矮胖的罗马教士。这位罗马教士每天都长途跋涉，周游各地，夜晚筋疲力尽时归来休息。虽然身体一直处于疲惫当中，但他却非常满足。于是这个人就问教士为什么要这样做，教士笑着回答道：‘好吧，我告诉你。前不久我得了不治之症，以为自己将不久于人世。一天晚上，恍惚之间，感觉有人来到我床前。他是位英俊的年轻人，脸色略显凝重，用奇怪的目光看着我。我猜一定是位死亡天使吧。我正希望离开尘世，一了百了。于是，就告诉他，我已经准备好了，正满怀憧憬想享受天堂的快乐，瞻仰圣人光芒四射的荣光。他注视着我说‘我不知道你为什么说这些话，竟然对天堂的美丽如此着迷，却不肯留意尘世间的美。’说完，他就不见了。我陷入了沉思。的确，有生以来，我每天一直在重复地做着单调无聊的事情。于是，我下定决心，如果病能痊愈，我就周游世界，见识一下大千世界的美丽，而不再期盼将来的荣耀。”

他继续道：“这个故事有意思吧，尤其对我们作家更别有寓意。我们习惯了过多的沉浸在工作当中，总想像上帝一样思考世界，而没有看见世间美好的一面。”

为生活而工作

他坐在那里，一直笑着。我又问了他一些写作方面的问题，问他是如何获得创作灵感的，又是如何将这种灵感付诸笔端的。他回答问题时的态度，好像在谈论另一个毫不相干的人，这让我疑惑是否有什么事情让他真正关注过。我听过很多名人谈论过自己的工作，但没有一个人的态度这么平静淡然。一般说来，作家与人交谈时总怀着一种窃喜，一种很容易就看穿的伪装起来的谦卑。但这个人与众不同，他表现得好像一切与己无关，完全是为了满足我的兴趣。我们一起散步、吃午餐。告别时，他谦虚而诚恳地表达了谢意，就好像我们招待的客人是一位默默无闻、不值一提之人。他又对我的书进行了一番赞美——一切都很自然，似乎他并不是特意为之。他对书的褒奖完全看不出斧凿的痕迹，好像早就深藏脑海中，只不过是随口道出而已。

“我读过你的书，”他说道，“嗨，你写的够深刻。你真走运，能看得这么远、这么细，让我们那茫然失落的心灵找到了归宿。”

他笑着对我妻子打趣道：“和他一起生活一定很可怕吧！就像嫁给了医生，他比你还了解自己——但感谢上帝，他看到的东西一定是最美好、最真实的，他用天使般温柔的声音透过金色的云彩把它传递出去。”

我无法体会他的这席话到底对我意味着什么，但他的这次来访本身，让我能够见识到一位身材伟岸、平易近人、性情幽默的人，一位没有任何病态的野心，不追逐名利的人，这足以令我受益匪浅了。听人说，他懒惰成性，对自己的才华毫不负责，可是，他却为这个时代创作了最纯真的作品，这就是一种杰出的贡献，难道这还不够吗？没有对人的工作目标和工作态度进行任何思考，就妄加评论，真让我难以理解。对那些走运发财之人，我们要尊重；对那些升职当官之人，哪怕其官位非常卑微，也要尊重。这就是我们这些讲求实际的西方人经常陷入的怪圈。人当然要对世界有所贡献，但许多人做的都是无用之功。归根结底，我们来到这个世界就是为了生活，工作只是生活的一部分。工作为了生活，而非生活为了工作。即使我们都是社会主义者，我也希望我们能有时间悠闲地栽花种草，这样就可以为诗人和先知提供必要的素材，以满足他们对愉悦的需求。

毫不讳言，我的这位主人公在这方面极有天赋。他热爱生活，能安心于平静的生活。同时，他也会给周边的人以启迪，让他们心境豁然开朗起来。我敬佩急流勇退的人，他们知道何时停步，不再为了创作出残弱无力、空洞乏味的作品而勉为其难地驱赶疲倦的思想。知道何时收手的作家，真是难得一见呀！感谢上帝，创造了伟人！今天，这位诗人就让我明白，生活需要情趣和激情，世界到处都有美好、慷慨和善良，到处都有自由的空气和灿烂的阳光，只需尽情享受。让我们全身心的去追寻爱、追寻美、追寻上帝吧，它们就在我们身边，我们唯一要做的就是静心感受、倾听和关注。

1888年10月12日

艺术家的禀赋

作家没有伟大的灵魂，就不可能写出伟大的作品。这种说法多么荒唐啊！这就像说，画家没有漂亮的脸蛋，就画不出漂亮的外表。实际上，只需认真的观察和熟练的手法，就完全可以画出漂亮的容颜。你无论如何都没法相信，莎翁有着高尚而纯洁的品格。有些天才作家，往往要么性情古怪，要么天真幼稚，要么虚荣心强，要么心胸狭窄。当然，作家首先必须要对自己所写的东西感兴趣。我所想到的那些理智而高尚的伟人，大多习惯性地把自己的品行归因于天性使然，所以他们就想当然地认为其他人也具有这些品行，因此根本无需详加描述。可以肯定地说，艺术家的利器就在于他能欣赏那些伟大、高尚而美丽的事物。透过这些事物，艺术家可以查找自己的不足，然后如流星般热切地希望获得这些美好的品格。我书中描写的那些杰出人物，大都与我格格不入，因为他们都具有我所欣赏却难以企及的品格。创作这些杰出人物，是世界上最悠然惬意之事！于是经常出现这样的场景，才疏学浅的我总因无法贴切地表达思想而凝神苦思。也许在纠结了三个时辰之后，才猛然间豁然开朗，想到了某位名家名言最为贴切，于是赶紧把这位创作了如此精妙绝伦佳句的名家好好勾勒赞颂一番。这种百转千回的体验真是其乐无穷！倘若自己是小气、自私、懦弱之人，侥幸有机会好好地夸赞一位慷慨、无私、勇敢的伟人，该是何等幸事！诚然，思想必须融入作品，在作品中得到升华。但那只是作品的光彩，却不是作品的颜色；只是作品的表现形式，却不是作品的构思方式。

艺术家和道德家

生活中有一些关系，本来美丽而质朴，而有些艺术家却总会把这种关系弄得一塌糊涂。这时，理想的艺术作品就成了艺术家们的避难所。艺术家们目光挑剔，情绪无常，整天处于一种神经兮兮的状态，一点小事也会让他们产生挫败感，哪怕微小的瑕疵也会让他们深恶痛绝，认为它糟蹋了高尚的人格、美妙的前景和漂亮的面容。当一个人有着漂亮的面容和丑陋的双手时，普通人只会关注他美丽的面容，而忽视那丑陋的双手。而艺术家却更会关注那双丑陋的手，反而忘记了面容的美丽。艺术家的痛苦就在于此，他渴望的是无法实现的完美。思想在他狭小的世界中恣意驰骋，让他无法驾驭。艺术家通常喜欢黄昏时分，因为这时房间往往是幽暗的，世界也都是黑白色调，一片灰暗。只有那些看似普通平淡却醒目的东西才容易变得模糊，方便隐藏。生活华丽多姿，五彩缤纷，芬芳诱人，精力旺盛的人往往对它充满欲望，容易沉溺其中，难以自拔。许多艺术家放荡不羁，追求奢华，耽于声色，就在于他们贪图享乐，缺乏道德的约束。他们恐惧单调与丑陋，陶醉于恣意的欢愉。所以，艺术家必须眼清目明，能识别浮世虚华，知道哪些地方最能打动心扉，哪些地方最让人劳神费思。艺术家创造伟大，但自己不一定伟大。他能辨别伟大的品行，就像他能辨别被郁郁葱葱的森林和绿草掩盖的山脊。他认识美丽，但并不一定渴求拥有美丽。山林有其美，树木有其美，但并不意味着美具有道德意义，它只具有象征意义。最佳的艺术，其灵感更多的来自于智力因素，而非情感的契合。当然，今日的英国作家要取得成功，必须要有道德家的气质，因为英国读者追寻理想道德，远远胜于他们对智力或艺术理想的追求。英国读者渴望的是忠贞的爱情，绝不是一时的激情。他们认为，最终的成功比彻底的失败更令人难忘。他们喜欢悲剧，因渴望欢笑而喜欢上了悲伤，把悲伤当成欢笑的前奏。他们希望一家之主的最终责任，就是让家人在丰衣足食中享受天伦之乐，而不是在死后化为尘土之时，也不肯因自己的不幸去诅咒上帝。他们对死亡的观点是，财主应该与贫穷的拉撒路一起被带到亚伯兰的怀抱[①]。为了成功，必须与温情妥协。如有必要，就牺牲艺术家的良心吧。在英国，艺人只有在盛宴之后，才能找到自己的立身之所，因为这时勇士们已经酒足饭饱，倦意连连，不再贪恋丰盛的酒宴，不再渴望噼啪作响的炉火。罗斯金[②]迫于生活的不公、残暴以及丑陋，吞噬了自己的灵魂，抛弃了云彩、山峰、日出、日落，但人们却把这一切归因于无形的精神压力的缘故。奥菲利亚[③]没有在生命的激流中苦苦挣扎，而是躺在铺满鲜花的床榻上沉入梦乡，飘向死神。

①《路加福音》16：19—34。

②约翰·罗斯金（1819—1900），19世纪英国杰出的作家、批评家、社会活动家。

③莎士比亚作品《哈姆雷特》中的女主人公。

1888年10月21日

书的诞生过程

纯属自娱自乐，让我回忆一下上本书创作的经过吧。我清楚地记得是哪一天，哪一刻，书的创意闪现脑海！有位客人来我家吃饭时，讲了一个故事，关于他的朋友和他朋友所喜欢的，或者说自以为喜欢的姑娘之间的谈话。一个人物，两个主人公，一个场景，一次谈话，就这样活灵活现跃入脑海。深夜，我无法入眠，仍在构思这个故事。为何要深陷这种情感的纠结？故事又会如何发展呢？起初，只是一个场景的浮现：一个摆满家具的房间，里面有几扇门？开向何方？有几扇窗？眺望哪里？房间里到处都是人，我听见他们在静静地来回穿行。这时，一个人走了进来，接着另外一个人，于是故事开始了。我听见男孩无意间说错了话，女孩的脑海中笼罩着疑虑和不安。我觉得应该加入一些情节去解释误会，可故事的发展却是女孩没有解释误会，而是向一位不该倾诉之人倾诉了自己心中的秘密。这个人本来就对男孩心怀不满，这种不满日积月累，已演变成了一种本能的憎恨和疯狂。故事就这样层层展开。然而，中间有一段情节突然混乱起来，让我无法继续下去。故事中的人物仍在，可他们却无话可说。我想一定在什么地方出现了问题，于是就重新把故事梳理了一下，仍无法找到症结所在。可我必须弄清缘由，只好又重头再认真梳理了一遍，终于发现了问题的根源。我就像一个曾经在黑暗中摸索过的人，不得不重新在黑暗中再走一次，突然之间发现了一缕阳光。这个错误是当初构思的问题，我纠正了它，于是故事又得以顺利开展进行下去。我小心翼翼地铺设情节，感觉自己终于找到了正轨。我牺牲了一场感人的情节——也就是在这个地方我犯了错误，弄乱了整个故事。

美的创造

写这本书，我不敢说有多辛苦，我不是在创造，故事一直在自行发展，我只是进行描写、选择。其中的一个情节，获得了所有人的称赞。我是如何创作出来的呢？我不知道。写这个情节时，我根本不清楚主人公要说些什么，他们之间的对话都是脱口而出，自然而然地应运而生。写这些对话时，我从未感觉过迷茫，从未有过停滞不前的感觉，只有一个难以抵挡的诱惑：不停地写，早晨、中午、晚上。有时，甚至有一种极度的恐惧，担心自己活不到把不断流淌的思绪清晰地付诸笔墨的那一天。我竭力控制着自己，而这种自制也产生了某些新鲜感。日子一天天地过去，每天散步、聊天、读书时，总在脑海里盘旋一个想法，希望迷人的夜晚时分快点来临，这样，自己就可以满怀激情、心无旁骛地投入写作，亲身体验书稿慢慢的变厚。终于结稿了！我清楚地记得自己写的最后一句话，我坚信这本书就应该这样结束。虽然还有意犹未尽的感觉，可以让故事一直绵延下去，但仿佛画框突然从帆布上掉落一样，我知道故事该结束了，远处再无风景。好像天意如此，书结稿的第二天，就发生了一件事情，把我的思想硬生生的从书中拖走。创作的日子里，我身体健康，精神矍铄，天时、地利、人和，一应俱全，老天都在帮我完成创作。发生的这件事，我不想说出来，但它却适时地让我停下笔来。如果相信命运，就该按天意行事，难道不是一个奇迹吗？现在，我大脑贫瘠、枯竭，我愿倾尽所有，希望再重温一次那美丽却难以再现的灵光。这真是一种痛苦，现在的我无从构思，无法创作更杰出的作品。我的手脚已被捆绑，只剩下无助和沉默。

1888年11月6日

艺术的伟大

很高兴能想到一种方式，让最美丽、最恒久的记忆悄悄走入生活。我想到了华兹华斯[①]，他曾经一文不名，荒诞不经，住在阿尔福斯顿的偏僻一角，每天以鸡蛋和牛奶充饥，喜欢与柯勒律治[②]在月下散步。也许他的行为在世俗人的眼中幼稚可笑，不可理喻，可他却和柯勒律治一起构思了《抒情歌谣集》。我还想到了济慈[③]，不满现状的他正坐在汉普斯特德[④]的花园里，虽然病情日益严重，口袋渐渐干瘪，却仍在聚精会神地修改《夜莺颂》，毫不在乎它会面临怎样的命运。也许天意使然，这些字迹潦草的铅笔碎片，竟然从他合上的书中被抢救出来，得以重见天日。我还想到了夏洛蒂·勃朗特[⑤]，住在沼泽地边风雨飘摇的乡下小屋，房间狭小，厨房空荡，她本人疾病缠身，郁郁寡欢，可这都阻止不了她创作《简·爱》，她也根本没去想自己正在创作一部经久永恒的世界经典。神圣的光环围绕着这一幕幕情景，让这些伟人声名远播，流芳后世。每每想到他们，我心中就荡漾着浪漫的情愫、美好的

---

①英国桂冠诗人（1770–1850），华兹华斯与柯勒律治、骚塞同被称为“湖畔派”诗人。

②塞缪尔·泰勒·柯勒律治（1772—1834），英国诗人和评论家。

③约翰·济慈（1795—1821），英国杰出的诗人之一，浪漫派的主要成员。

④伦敦北部的居民区。

⑤英国女小说家（1816—1855），活跃在英国文坛上的勃朗特三姐妹之一，主要作品《简·爱》。

憧憬，也充满了感动、激情和快乐。可在当时，这一切却毫无快乐而言。

然而，最动人的情节是在伯利恒[1]马棚里童贞女的故事中，目睹她所经历的心酸、惊恐、羞愧、疼痛，以及世俗肮脏的目光。故事虽然简单，可每次听到时，都在微笑中难掩泪水。“因为没有客房，他们无处安身。”于是，我们这些可怜的凡人，仿佛知道此事对人类意义非凡，就把马厩精心装饰一番，让它变得体面、温馨，用圣物编织的花毯包裹圣婴，让天空亮如白昼，让悦耳的声音响起，让我们抛弃恐惧和肮脏，用我们笨拙的双手，揭开奥秘圣洁的封印，来证明一个真理：希望，可以不受玷污，光芒四射地从人类最肮脏、最嘈杂、最下贱、最邪恶的地方腾空升起。

①耶路撒冷附近的西岸的一个小镇，基督耶稣的诞生地。

1888年11月20日

艺术的伟大

我常漫无目的地遐想，到底是什么让一部书、一幅画、一段乐曲、一首诗歌，经久不衰。当这些作品融入人的思想和灵魂，变得熟悉得不能再熟悉的时候，就满以为可以准确的把它们表达出来了，这是一个非常严重的谬误。举个例子来说，我在《利西达斯》[①]中读到："谁不会赞美利西达斯？他'非常'知道，自己要歌唱，要谱写神圣的乐章。""非常"这个词，在两份原稿中都出现了，可在校对稿中却被删去。这个词似乎有些通俗，不太押韵，破坏了诗歌之美。然而，弥尔顿[②]一定是在深思熟虑之后才把它删掉的。如果印刷出来后还有这个词，我们仍然会认为删掉它是粗鲁的，失去了艺术的美感。可见，对于艺术家，一定有多种方法设计作品。

我认为，表现形式并不是一种必然。什么样的艺术家才会对形式完全满意呢？越伟大的艺术家，越可能意识到作品的瑕疵。如果作品可以锦上添花，其表现形式又怎会势所必然呢？只是因为对作品过于熟稔，才会造成这种形式上的必然。华丽的高楼大厦，需经过无数次的风吹雨打、岁月的考验，它的设计才能日臻成熟。我们喜欢一种形式，就不愿改变它，但实际上

---

①约翰·弥尔顿的一首田园挽歌。

②约翰·弥尔顿（1608－1674），英国诗人、思想家，因其史诗《失乐园》和反对书报审查制的《论出版自由》而闻名于后世。

它的另一种形式也同样会得到我们的欣赏。伟大的艺术作品，只有很少部分是人们赋予它的，它之所以伟大，不仅在于其本身，更在于它迎合了我们的思想，就像宝剑配上了剑鞘。

构思的伟大与否，在很大程度上取决于它与我们自己的思想是否契合，或者说，它是否比我们的思想更胜一筹，就像教堂只有建了穹顶，才显示出它的威严，远远胜过白云飘飘的蓝天。事实上，正是对构思细节的把握，才让构思宏达起来，从而别具一格。构思不该超越于我们的视野之外。至于形式，它依赖于双手、触觉和思想的恰到好处。假设有一位伟大的画家，把一幅铅笔素描交给一百名学生，让他们把这幅素描画成水彩，恐怕只有凤毛麟角的作品才会让人眼前一亮，大多数人的作品一定是归于平庸和乏味。

因此，我对艺术有些宿命的观点：艺术似乎取决于构思和技巧的幸运结合。可悲的是，很多杰出的艺术家，并未随着技巧的日臻完美而变得更加伟大。天才的作品，往往充满青春的气息，这种气息最为难能可贵。艺术家们特有的品位和执着真是令人敬佩。艺术史和文学史似乎有相通之处，都呈现了一个事实：每位艺术家都有一个光辉灿烂的黄金时代，而且通常早早来临，很少姗姗来迟。因此，杰出的艺术家应该知道自己何时花枝绽放，能创造出杰作。那么，我想，他就应该对此有所准备，适时地放弃艺术，像普洛斯彼罗[①]那样，埋身书海，享受生活，而不是一门心思去创作。但那需要做出多么大的牺牲啊！又有几人能够做到！大多数人都无法割舍创作，只管埋头前行，结果只会写出更多孱弱无力、矫揉造作的作品。这些作品，品位低劣，毫无灵性，只会让艺术家光华四射的黄金岁月罩上阴影。

①莎士比亚的戏剧《暴风雨》中的人物。

1888年11月24日

乞丐的孩子

微冷的冬日，天空一抹亮色，如鸽翼般展开。蓝色的平原和高地，映衬着附近绿色的树林。到处都是腐败的落叶，股股水流四处漫溢。万物萧索，四周一片肃穆、冷漠。大自然在冷冽的寒风中悠悠沉睡，缓缓呼吸，显露出平静而淡然的希望。我独自一人走在林间小径，为有这样一个机会，能自如地休息和梦想而感到满足。乡下似乎已被人遗弃，一片狼藉，走在这里如同独自在牛棚里劳作，煞是费力。我来到一条寂静的小路，与一位肮脏丑陋的女人不期而遇。她推着一辆婴儿车，上面堆满了脏衣服和破烂，她目光充满忧郁和疑惑。上帝才知道她要去往何处。我想，她或许是要去一处幽谷，与同伴一起宿营；也许是去乞讨、撒谎、行窃或酗酒。婴儿车旁走着一个小孩，七八岁大，穿着打满补丁、不太合体的大衣，他的样子看起来有点滑稽。他扶着车沿走着，头发蓬乱，浑身肮脏，可脸上却洋溢着欢乐。他与自己的妈妈待在一起，如雏鸟一样被抚慰，从未感觉害怕，对未来也从未感到焦虑。他走着，轻轻哼唱，如路边草丛中的小鸟在低吟。他那小小的脑瓜里到底装着什么，我无从知晓。但我想，那也许装满了上帝给予的平和吧。

1888年11月25日

唐的来访

家里又来了一位客人！虽然我不知道他的来访是否比其他的客人更值得回忆。这是一位年轻的牧师，有着辉煌的过去。他曾来信询问，是否有幸来访，重叙旧情。他来了，他征服了我。至今，仿佛受到侵略、自己的土地被人掠夺了一样，我变得无处藏身了。虽然仍有些气馁和晕眩，但我仍愿回忆一些与他在一起时的片段。一小时前，他才告辞。然而，从他走进家门的那一刻，我就感觉时间在快乐地飞奔，好像一个月的时间转眼之间已飞逝而过。他看起来很随和，个子不高，衣着整洁而考究。他很有礼貌，也很友好，脸上充满敬意。透过镜片，可以看到他炯炯有神的目光。他动作机敏，态度温和，而一谈到文学，却让我有醍醐灌顶般的惊喜，感受到一种狂风暴雨的洗礼！我认为自己对书籍有种天生的虔诚，自认藏书丰富，博览群书。可现在，与他相比，虽不敢说自己走入歧途，却也不得不说自己读了许多难登大雅之堂的杂作。他出口成章、妙语连珠。他的观点入木三分，令人叹服。他对文学知识了然于胸，可以把每个文学人物都一一定位，思路恣意纵横。他了解所有的文学运动和流派。书籍对他至关重要，并不是因为书籍向他的大脑和思想传递了某种信息，而是因为书籍呈现了一种趋势，或者构成了环环相扣的知识体系中的一环。他引用的经典，我闻所未闻；他对作家如数家珍，信手拈来，我自愧不如。他态度谦虚、平和，没有丝毫的炫耀，但我必须公平地说，我难掩自卑之情，就像发现自己无意中落入了野蛮人的世界。他大胆断言：流行作家非常浅薄、孤陋寡闻。对此我也深有同感。天啊！这个人该有着怎样的大脑，才可以储藏如此浩渺博大的知识！他的才学多么令人钦佩！他记忆的一切都那么清晰朗然，从未失去轮廓和光泽。更难能可贵的是，他知道怎样获取这一切。的确，对我而言，他的大脑就像一座大型的商业中心，里面物品丰富，琳琅满目。他熟知每个货架上的每一款商品，他的博学令我自惭形秽，陷入了难以自持的低落情绪中。一旦我偶尔插话，弄混了作家或是日期，他就温和地指正。不是那种居高临下的藐视，而是充满善意的提醒。

“啊，但你也许能想起来，”他说道。

“是的，但我们不应该忽视这样一个事实……”他补充道，他的谦虚让我钦佩。“当然，这些都是细枝末叶，但我应该知道的。”

文学的价值

我发现自己开始仇视有人以这种方式传播知识了，是一种深深的仇视。也许是嫉妒，也许是羞愧和失落。但坦诚地说，都不是。我确信，我不想拥有这样的知识，它们的轮廓过于泾渭分明，我不喜欢，他们没有融入大脑，只是储存在大脑里，如核桃的果肉一般储存在大脑中。我感觉无数的核桃掷向了我，把我掩埋、湮没。我的客人所知的一切都未经历变化，从未与个性结合，既未影响到大脑，也未受到大脑的影响。我无意蔑视或者抨击他渊博的知识，他只是一名讲师，做到这样，已难能可贵了。但他把文学当成了附属品，当成了一种外力，而不是粮食，只是某种物质和商品。我们探讨的一些诗歌，如伊丽莎白时代的抒情诗，像树丛中的鲜花在我的脑中盛开、绽放。而在他的脑海中，只是一排排栽种整齐的树木，上面贴着它们的专业学名。最糟糕的是，填补这些知识的空白，掌握这些历史流派，并没有让我感到充实，而是感觉践踏了盛开的风信子和银莲花，它们本应在我这片自然野生的树林中恣意自由的生长。我隐隐觉得，人应该要么拥有他那样渊博的知识，要么拥有我这样敏锐的鉴赏力，但我却不愿与之交换。诗歌、美文的价值，在我看来，取决于它的韵律、魅力和难以形容的震撼力。很多书籍和诗歌，虽为佳品杰作，却难以传递任何意义和讯息。我的客人认为，应该掌握所有作家的全部作品，而我认为他不太理智，没有将一流作品和二流作品加以甄别。事实上，他的文学观点只是社会学观点，似乎过多地关注了流派及影响，而忽视了文学的魅力和韵味。文学该不该用科学的观点看待，对此我不敢妄言，但我深深地感觉，文学需要感受，就像感受巴尔扎克作品中的医生。当他妻子在他的肩头哭泣时，他却说："别哭了，我已经分析完了眼泪的成分。"然后，他详细地说出了眼泪中含有多少氯酸钠盐，有多少黏液。归根结底，这位客人是位哲学主义者，而我是个人主义者。我强烈的希望独自一人驻守在树林中，也不愿与那些毫无艺术品位的植物学家一起散步。

1888年11月29日

自杀

今天早晨，听到一个消息，一位朋友自杀了。这个消息让我感到了一种彻底的解脱，甚至欢喜，不奇怪吗？这位朋友热情洋溢、富有魅力、成就辉煌，但同时又具有艺术家的冲动、情绪不定、任性固执。不知何故，他失去了方向，四处飘荡，混得声名狼藉，再也不能有所作为。虽然他有满脑子的想法，却从未将它们付诸实施。上次与他见面，让我感到格外心痛。我们如约见面，可以看出来，他是靠药物才使自己变得精力充沛的。然而，伪饰的快乐、浮肿的面庞、抖动的双手，已经无情地告诉我他悲惨的现状。现在，一切都已结束。恐惧、羞耻、堕落、自杀，都已成为俗套。有人大言不惭地评价，说他这是一种自私的行为。但其实，这么做是这个可怜的家伙一辈子所做过的最无私的事情了。对所有关心他的人而言，他是负担、是痛苦。而且我们从心里认为，他已无药可治。年轻时，他友好、上进，甚至有些高傲。因可怕的家庭遗传原因，工作受到了影响。坦白地讲，他不该为此负责。如果自杀行为进行得有理有据、庄重严肃，不是那种乖张吓人的逃离生活，就值得怀念，我会感动，甚至不胜欣喜。我清楚，有些人即使活的时间再长久，也终无所获。如果有合理的理由引导行动，就该抓住时机，付诸实施。当然，自杀也许是自私、怯懦的行为，但当自我保护的本能异常强烈时，就应拿出勇气，直面死亡。自我牺牲不是必然，但也绝不是不道德的行为，因为当它的目的是为了挽救他人时，就值得肯定。因此，我认为，对自杀行为的判断纯粹取决于动机。无论这可怜的家伙动机如何，这无疑是他最善良、最勇敢的举动了。他的生命是一种自然的终结，就如同死于疾病或者车祸那样自然。这种自然的归宿会让他的每一位朋友无不心存感激。我更应该感激他，因为他的行为已凸显了他的温情、体贴以及前所未有的果敢。当然，这样的事情往往会让世界增添一丝神秘，但相比于那无所不能的神秘力量，这根本就不值一提。正是这股神秘力量，才促使迪克这个多年之前阳光、优雅的小伙子陷入丑陋、卑劣、难以愈合的痛苦。终于，迪克听从了上帝的召唤，做出了最后的妥协，把自己悲惨的命运交到了上帝的手中。

1888年12月2日

冬日夕阳

今晚回家时，我沿着偏僻的小径一路向西慢慢而行，来到了宽阔、空寂的田野上。在蒙蒙的夜色下，路过一块略显苍茫的耕地。远处的角落里，在柳枝掩映的溪水旁，一堆堆的杂草正在燃烧，一个孤独的身影正把冒烟的干草拢到一起。一股股浓烟从干草堆中升起，缓缓地、静静地飘向天空，融入霞光万道的苍穹，在40英尺的高空，有的随风飘逝，有的仍继续上升，化作一道道细细长长的烟丝，映衬着玫瑰色掩映着的淡蓝淡蓝的天际。一排排光秃的树木，以及地平线上低低浅浅的山脉，似乎都沉浸于冥思当中，做着美梦。大地把它宽阔的肩膀转向夜空，寒冷、忧郁的日落渐渐隐没。一天就这样落幕了，夜雾开始崭露头角，让篱笆染上霜色，催冷脚下的湿径。夜幕肃杀，但阳光的隐没却充满了自然之美，因此无需悲叹，无需遗憾，这些都是必须经历的甜蜜而庄严的过程。沉寂与黑暗，不是喧嚣世界的骚扰者，而是活跃生活的承载者。日落时分，总有一种感觉，渐渐隐没的光芒，在试图向我们揭示某种令人敬畏的奥秘，某种充满仁爱的神秘。一旦抓住了这种神秘，灵魂就会得以安寂，生命就会得以延续。

隐没的日子

人世间的事物，神秘而伟大，在我茫然的时候，它们半是邀请、半是同情地伸出巨手，向我发出召唤。远处，在排排静穆的树木旁，神秘的金色光芒，似乎陷入了沉思，之后不久，就执拗地隐没在泛白的天边。我心中充满了无限渴望，想彻底融入这难以言表的宁静之中。如果可以像清风那样插上翅膀，追逐飞逝的阳光，我就可以漂游在世界各地，追寻同样的日落，看着它火红的脸膛渐渐隐去，沉入背景，沉入波涛泛起的海水之中，沉入茂密的热带丛林，沉入南方无形的冬日大地。日复一日，同样的圣典反复上演，谁能知道它经历了多少岁月沧桑，四季变换。终于有一天，上帝安排我来到这里，让我感知这变幻多姿的一切，让我从尘土中的长眠中醒来，体验这年复一年不断重复的经典。然而，这一切发生时，我却置身其外，我是它的一部分，却根本没有融入其中的感觉，这就是上帝神奇而令人困惑的地方。像我一样，每一个渺小的生命，都能感觉到与上帝的距离，感觉到与上帝的不同，感觉到生命的圆满、机体的完善以及生命的独立。又一天过去了，我却一如既往地感到困惑、无知。我感受到了自己的渺小、孤独、无助。

谁能告诉我，我为什么怀着如此强烈的渴望和热情，热爱这五彩斑斓的盛宴，这若隐若现、雾色笼罩的大地，这飘逸神秘的流光，这冷气四溢的霜纱？无数的男男女女，怀着同样的挚爱，欣赏了日落，是否也同我一样陷入沉思？不知是否领悟了日落的真谛，是否感觉心满意足？

现在，我来到了熟悉的门前，看见漆黑的山墙，高高的榆树丛映衬着苍白的天色。窗户里闪耀着温暖欢快的光芒，欢迎着我——这个来自寒夜、刚刚走出大地的无家可归之人。这平和而安静的一切，只是一种假象。我的心在荡漾，脑海里洋溢着欢乐的辞藻，同时也不断在驱赶涌现的奇思怪想，以及那些敲动心房的深深的渴望。我必须感到知足，必须安定下来，停止追逐，停止这伤感而好奇的遐想。

1888年12月4日

结构与色彩

写作，像音乐一样，有两个维度——横向滑动的曲调与纵向浮动的音调。外行人只能识别单一横向的变化——曲调的变化，一知半解的人能识别简单音调的结合——和弦，而真正的音乐家，不但能读懂曲调的变换，还能读懂音调的对比与结合。在写作过程中，有时能够创作出横向的结构——严谨而庄重的曲调，却无法摸索出音调的变换。这都是老生常谈了。现代人写作，往往只强调华丽的文笔，这就有让作品易沦为浓妆重彩而结构松散的炫耀之作的危险。完美的作品应该构思严谨，文笔精妙。但文笔必须服从于构思。年少时的轻狂，让我轻视构思，重视文采，因此走了不少弯路。在某种意义上，这也是一个教训，教会了我要重视构思，学会把握适度的写作标准。完美的构思来自哪里呢？它来自于严谨而清晰的思路，以及对写作形式与轻重比例的把握。好的文采，来自于个性的深度与广度，还有敏锐的洞察力，更来自于个性与洞察力的巧妙结合。关键在于观察和感知事物，不应仅仅是记录，而应把这种感知变成心灵的一个细胞，会随着脉搏而跳动，给予它强大的生命力。就我目前的状况，我已失去了控制曲调的能力，我的创造力已然罢工。我竭尽全力，却只能创作出不咸不淡的作品，虽然很有动感，却难以表达思想，只是一些割裂开来的片段，无法陈述主题，铺设悬疑，引领高潮。虽然我绞尽脑汁，却仍然无法得到改进。可悲的是，我仍然没有失去创作的欲望。如若现在有幸得到某位高人的点拨，为我指点迷津，让我走出泥潭，我会不胜感激。但我想，那样也会导致自己的工作无法和谐一致起来。现在的我，应该存储更多的记忆。然而，似乎我的记忆已然过多。

1888年12月10日

一个童话故事

今天，偶然翻到儿时的旧书，看到了经典《格林童话》。不好启口告诉大家我读了多长时间。书中的故事过去常常作为一些古老而精彩童话的范本。现在，经过多年生活的沉淀，已经具有某种美妙的象征意义，令我受益匪浅。其中，我印象最深的是卡尔·卡茨的故事。卡尔常在溪水上游的一座破旧的古城堡里放牧。有一只羊每天都会奇怪地消失一阵子，晚上再回来加入回家的行列，但却明显变胖了，壮实了。卡尔留心观察，发现这只羊每天都偷偷钻进墙上的一个洞里。于是，卡尔打开了洞门，钻了进去。里面是一条漆黑的通道，他一路走来，不久听到了好像冰雹掉落的声音。他摸索着来到发出声音的地方，发现了那只羊，在昏暗的光线下，正吃着从上面噼啪掉落的玉米。卡尔一边听，一边寻找，头顶上有马的嘶叫和顿足声，他猜想玉米一定是从山中马厩的裂缝中掉落下来的。接下来的故事，我一时想不起来了，总之发生了许多不可思议的故事。不久，卡尔还听到了打雷的声音，他最终断定那是人们在穹形的通道里欢笑、奔跑时发出的。他慢慢前行，来到了一片绿草茵茵的开阔地，一些巨人正在玩着滚球游戏。他受到巨人们的热烈欢迎，邀请他坐在了一把椅子上。巨人们邀请他参加游戏，但他连球都拿不起来。一个矮人递给他一杯酒，喝过之后，他就沉睡过去了。醒来时，周围一片寂静。他按原路返回，钻出山洞时发现羊群不见了，天色还早，古堡的废墟上霜色苍茫。

他感到莫名的虚弱和疲倦。回到村子时，发现它已面目全非。时间已经过去了七十年，虽然还有一两个风烛残年的老人依稀记得他失踪的那天人们怎样寻找他，可现在他的家已经不见，他成了一位被人遗忘的老人，无家可归。岁月的空白早已填补，生命却已流逝。人们为他悲伤，并不想让他回来，因为他打扰了人们的生活。他已成了一个依靠别人生活的无用之人。

与生活同步

这段故事寓意丰富，读后令人唏嘘不已，不胜伤感。故事的核心在于告诫那些行为任性或者好奇心重的人，无论猎奇多么浪漫、迷人，也不要因此失去自己在这个世界的位置，哪怕是失去片刻，也终将无法返还。生活有很强的适应能力，可以失去任何人。无论这个人得到多么真诚的哀悼，但如果他想重新返回自己的世界，在某种意义上，只会成为多余之人，这个世界已经不再需要他了。艺术家最应该听从这种忠告，因为所有的艺术家都会难抵诱惑，进入那黑暗的山洞，欣赏世外桃源的美丽，饮下那杯失忆之酒。看来万事皆是如此，保住自己现有的位置是多么重要啊！虽然男孩儿探寻到了巨人们的欢乐家园，实现了自己的美梦，可是，现实社会的人却根本不在意他讲述的这一切，只会把它当成一个神话传说。

时势成就了艺术家。倘若生不逢时，即使再有才华，也无法掌控世界，向之传递讯息。无论传递的是往日的声音，还是回荡着欢乐的过去；无论是为人遗忘的讯息，还是人们的幻想和梦境，艺术家需要的只是发现真实的自我，传递真实的声音。当预言成为现实，预言的生命就已结束，艺术家只会获得人们好奇而钦佩的目光。他会成为历史学家的座上宾，却对活着的人没有任何意义。经常目睹一些才华横溢的艺术家遭此不幸。生活在工业时代的诗人，要是返回到诗歌鼎盛时期，定会赢得莫大的荣誉。怀着崇高而新奇思想的人，往往因为自己的思想难以与现实同步而一直苦苦挣扎。快乐的艺术家，能敲击出振奋人心的音符，会本能地利用时间，既不感慨过去，也不幻想未来。卡尔若能衣食无忧地想起那天城堡上火红的太阳，凉爽的山洞，雨点般落下的玉米，洞中人如雷的足音，英勇的滚球手，醇香的美酒，他就一定会心满意足了。让他好好的回忆吧！他已经历了凡胎肉眼无法体验的奇迹。让他在阳光下静静沉思吧！如若生活在现实社会，他只会珍藏一些平凡的记忆，而且其中的大部分都充满苦涩和悲伤。现在，他有了自己的美梦，但同时也必须付出失落、沮丧的代价。

1888年12月14日

四季的美丽

艺术的职业风险在于，它总从物质的角度去衡量生活，享受生活。生活是艺术的一部分，但艺术不必是生活的一部分。这真是一个令人感到可悲、难以弥补的错误！

今天，我走在吱吱作响的雪地上，从山谷下来，路过田野，来到了光秃秃的树林中。小溪的两旁长满荆棘，溪水清凉、幽暗。高高的山坡上白雪皑皑，在树丛中画了一个白色的心形，与周围的树木相映成趣，编织了一幅精美的图案。眼前的美景一幕一幕，神秘莫测，变幻多姿，令人目不暇接。多希望能将它们付诸笔墨描绘出来，尽情地赞美、歌颂啊！然而，自己却不知道为何会产生这种欲望。我其实并不想将这些景致描绘给他人，甚至也不想为自己去捕捉它们。一年四季，每一个季节，都可以欣赏到这连绵不绝的美丽，这些不断变化、不断消失、又不断出现的景致。春天时，树丛中长满了软刺荆棘，风信子铺就了一块块蓝灰色的地毯，白头翁也编织了星光熠熠的美丽图案。夏季时，树木郁郁葱葱，似乎在掩藏着某些秘密，浓密的青草铺满大地，高高矗立的鲜花聚起了一个个彩团。到了秋天，树木一片金黄，空气凝重，散发着枯叶的气味。然后冬天降临，目光过处全是光秃秃的苍白色调。白雪袭来，就像今天这样，四周显示出一片寂静、凄凉之美，全无耀眼的杂色，一扫往日的阴霾。

艺术家的渴望

然而，艺术家常年培养出来的观察力不会只让他欣赏到一种景致，就把它当成美丽悦目的永恒盛宴。令我自叹不如的是，艺术家追求的是艺术效果，往往会抛弃背景因素的干扰，去寻找那些甜蜜怡人的内涵意义，从而使自己创作的作品别有风味。所以，不该仅仅满足于凝视、欣赏、沉浸于这种美丽的景致，而是要去思考，自己能够带走什么，又会怎样彻底地拥有。如果艺术纯粹是为他人着想，如果艺术的目的就是为了凸显大自然中那些常为漫不经心者所忽视或鄙视的美妙，如果良辰美景令你心潮澎湃，内心充满爱和希望，这何尝不是一种快乐呢？但在现实生活中，真有人会怀有如此单纯的目的吗？坦白地说，我没有。我对传递给世界的讯息几乎漠不关心。虽然我对世上所有美妙的事物都怀有一种深深的眷恋，但我不会满足于此。

艺术的评判标准

我想起了华兹华斯，他会整整一个上午都静静地呆坐，或欣赏那美丽的景色，或凝视荒地里的涓涓溪水，或远眺悬崖上攀岩而上的枝叶。对他而言，大自然就是宗教，他正与神圣和庄严进行沟通，正在拉近它们与自己灵魂的距离。而对于我，大自然却又是另一番情景。我要倾尽所有华丽的辞藻，满怀激情地把大自然表现出来，使它得以永存。我这么做，不是为了发扬艺术的荣耀，不是为了满足给予他人财富的渴望，仅仅是听从了自己狂热的本能，把思想和美丽展现出来。我常对情感的表达束手无策，一部分原因在于自己有种欲望，想去阻止时光的飞逝，给予它永恒，避免它的湮没。年迈的赫里克[①]怀着同样的伤感，对水仙花感叹道："凋谢得太快，我们感到悲哀。"另一部分原因，是出于工匠们看见心满意足的作品时的那种快乐。有人说，这不是创作的渴望，而是希望作品得以珍藏的渴望。描绘一幅令人心潮起伏的场景，与其说是创作，不如说是在感觉，在感觉自己的梦想。梦想的美妙之处在于，你不必创造它，它会伴随着惊喜和经历从天而降。它一直就存在着。沉溺梦想时，不必刻意创造梦想，只需大声地说出来。正因为如此，艺术才成为了一项奇怪而悲哀的职业。人们生活在这个美丽的世界，而这个世界却并非是人们所希望的那样，可是人们仍要在这里体验焦虑、失落、疼痛、疾病，这个世界仍然会让人们警醒、恐惧，甚至厌恶，如果以此就做出评判，认为生活是真实的，梦想是虚幻的，似乎毫无意义。两者都同时存在，都是真实的。但这也隐含着一种风险，即用生活填补梦想，而不是用梦想充实生活。几周来，我就像一个突然惊醒的梦中人，一直郁郁寡欢，我所生活与活动的世界，其实是一个想象的世界，它已在我的脑海中分崩瓦解。风雨敲打着脆弱的房屋，提醒我该起身活动活动了。我在游戏人生，把它视为玩物，猛然间却发现它像野兽一样，憔悴、饥饿、愤怒，反扑过来，把我玩弄于股掌。它可怕的行为令我恐惧，它血腥的味道让我恶心。这就是生活的奥秘所在，也是它的可怕之处。我只会盲目听从于专横的本性，却完全不知生活到底是引导我们走向充满希望和快乐的肥沃的牧场，还是拖我们走入荆棘遍野的贫瘠的荒原。古老的寓言说的千真万确：笑面虎、甜蜜话，不可信。然而，怎样才能知晓那些对我们的召唤是否值得信赖呢？难道只有经历了可悲的

①罗伯特·赫里克（1591—1674），英国抒情诗人，被认为是英国骑士派诗人中最伟大的一位。

背叛、黑色的灾难之后，才可以清楚吗？我好像徘徊于一条开满鲜花的小径，却并没有采摘挂满罪恶的毒株。我热爱天真和善良，却追随上了幽灵的脚步，无法停止。我发现自己被它出卖，感觉“像恍惚中勇敢的预言者，看到了自己所有的不幸。”[①]。但至少，我仍然是勇敢的啊！

①丁尼生作品《夏洛特姑娘》。

1888年12月22日

罗斯金与卡莱尔

考验降临在我身上，似乎要验证我对艺术的忠诚，或者要告诉我，艺术家所信奉的信条是虚伪、浅薄的。我们这些艺术家到底是做什么的？面对这样的疑问，高兴时我会辩解说，我们识别和阐释生活之美。但现在看来，没有人能依靠美而生活。一直在万物中寻找和识别美丽，以至于把自己弄得如此忙碌。我错了。我把所有的一切：美德、荣耀，甚至包括生活本身，都屈身于检验。我似乎像位艺术家，全身心投入到色彩的欣赏当中，却突然遭受了致命一击，变成了无法识别颜色的色盲。虽仍能如以往一样看见清晰的物体，可它们仅仅是些形状呆板、毫无色彩的轮廓而已。我做过种种努力，严格按照艺术家的标准行事，但我所有引以为傲的鉴赏能力却突然之间离我而去。我一直以为自己寻找的就是生活，现在却知道，这种想法大错而特错了。

下面讲一下三位伟大的作家的事情，其中两位同时也是杰出的艺术家，他们的品行令我钦佩，可我却从未完整地领会他们思想的精髓。这三位伟大的作家分别是：罗斯金[①]，卡莱尔[②]和罗塞蒂[③]。罗斯金，作为艺术批评家，受到了多少不公的对待和歧视啊！对于艺术的精确性，对于如何改进视觉，

①约翰·罗斯金（1819—1900），19世纪英国杰出的作家、批评家、社会活动家。
②托马斯·卡莱尔（1795—1881），英国19世纪著名散文家、史学家、文坛怪杰。
③丹蒂·加百利·罗塞蒂（1828—1882），英国画家、诗人、翻译家。

提高想象力，他都有过独到的见解。他批评克劳德[①]过于花哨，却以同样的理由，赞扬透纳[②]的夸张。标准一样，却可以用来批驳一个人，称颂另一个人。当然，他有时也顺便提出一些善意且有建设性的意见，为激发人们对美的追求做出过贡献。但他误导了一些没有主见之人，去用一个陈规代替另一个旧俗。然而，他的心灵却是多么美好而高尚啊！他满腹辛酸，却创作出了质朴、温情的作品。这一时刻，他成了人们可亲可敬的朋友。在《约翰·罗斯金自传》中，在日记和回信中，在随口而出的谈话中，他语调轻快、乐观，他清楚地知道自己任性而古怪的秉性。但在演讲和写作时，他却吹起了刺耳的号角，发出了尖酸刻薄的声音。第二位是卡莱尔了。他的鸿篇巨制，他烟雾弥漫的低俗情节，他夸张笨拙的说教，都像一个喜欢招摇、爱出风头的演员，不断把自己推到前台。他尖厉地叫喊，晦涩不清的语言，都让人感觉疲惫不堪，头晕目眩。

几天前，看过一幅日本画。一条小船漂荡在暴风肆虐的大海上，巨浪拍打着小船。三位勇士匍匐在船上，脸上充满惊慌和恐惧。天空中，乌云密布，透过乌云，有一个丑陋无比的天神，正露出狰狞的笑容，拼命地擂打着战鼓。这画的名字叫《雷神击鼓图》。的确，卡莱尔就是这样一位雷神，对人类毫无怜悯之心，只会增添人类的恐惧和困惑。他宣扬的观点是，活跃的人应该保持沉默和避世，静默的人应该活跃起来。无论人类做什么，不管是睡觉还是清醒，他都愤怒不已。他传递的信息就像呼啸的狂风，奔泻的瀑布。然而有时，他却展现了另一番浓烈的情感，这时的他变得无与伦比的幽默。他描绘的人物和情节，细致入微，令人赞叹不已。我对这个怒气冲冲、冷酷自私的家伙钦佩得五

---

①克劳德·洛兰（1604—1682），法国古典主义风景画的奠基人。

②约瑟夫·马洛德·威廉·透纳（1775—1851），英国18世纪末到19世纪上半期著名的风景画家，英国学院派画家的代表。

体投地。虽然是一个糟糕的丈夫，但他却是一位真正的朋友，但有个前提，你必须能忍受他不时发出的刺耳的叫喊声和抱怨声。

灾难的意义

最后一位就是罗塞蒂了。他写了无数美丽动人的诗歌，让人感受到了其内心熊熊燃烧的艺术之火。但在我看来，他的许多绘画作品却如淫荡、丑陋的恶魔。他后来创作的十四行诗，也散发着毒香——构思精美，馨香四溢，却难以让人感受到诗歌的味道。在如染上毒瘾般沉溺于自我封闭的世界之前，他是多么高尚豁达、放荡不羁啊！这就是三位伟大的灵魂。罗斯金，高贵和美丽的至爱者，却笼罩在刻板而固执的阴影之下，有着老妇般的体贴，狂暴中的绝望；卡莱尔，有着一颗伟大、坚强而狂躁的心，但糟糕的身体，脆弱的神经，自私的心态，使他变得狂傲粗野；罗塞蒂，艺术界的流星，如天使般闪亮登场，却像路西法[1]一样跌入邪恶。这些伟大的人物为何没落，这些难解的灾难又隐含怎样的意义？在这三种情况中，我们看到，原本精彩绝伦的世界笼罩着阴郁，莫名地遭受了玷污，让一人落入癫狂，一人陷入沉沦，一人耽于享乐。我们相信，或试图相信，上帝纯洁、仁爱、真实，上帝之心永远高贵和崇高。然而，为何越豁达的天性，沉沦得就越深？难道这些事实只为告诉我们，其实我们根本不关心艺术，只是希望攀附上冷漠、枯燥、简朴、严厉的德行？难道我们只把艺术当成闲暇时光的消遣？诱惑，如人之本性，深深扎根发芽，不，它比人的本性扎根得更深，它就是人们常说的丑陋和粗俗，是万恶之本。难道应该把人心变得如钢铁一般，去抵制这些

---

①《圣经》中撒旦的别名，出现于《以赛亚书》14:12。

诱惑吗？那么，听从狂虐的本能，靠它来选择、阐释、捕捉美，又有何意义呢？欣赏身边之美，享受花前月下之美，倾听小鸟歌唱之美，聆听溪水叮咚之美——充满感激的去欣赏这所有的美丽，然后回归简朴真实的生活——难道这还不应该感到满足吗？我简直无话可说。很难相信，上帝赋予我们人类精神如此热忱、有趣、甜蜜、神圣的本性，让我们在追求这些本性的过程中认识自己的错误。然而，可以肯定的是，我竟不知为何迷失了方向，而上帝却不能，也许不愿意给予我帮助。我要四处飘荡，这是命中注定，抑或被迫而为？到底有没有获取平静安宁的奥秘，让我可以寻找？这种奥秘是否就在我们目光企及的地方，或者，它原本就在眼前，触手可及？

1889年1月3日

不幸的凡人

有一幅布莱克[1]的版画，做得很小巧。一架云梯，在地球上一个光秃的角落竖了起来，通向弯弯的明月。有两个人似乎在对话，其中的一个人看起来气急败坏，一只脚踏在梯子最下面的横档上，正匆忙向上攀爬。

“我想上，我想上，”旁边的那个人喊道。

这幅画很小，只有一枚邮票大小，虽不是精工细作，却也与许多作品一样，以小见大，意义丰富，通过细腻的象征手法表现出了深刻的思想内涵，使人不禁好奇，布莱克到底知不知道，这幅画表达了多么深刻的思想。这幅画的象征意义在于，它表达了世界上所有朦胧、热切的渴望，表现了人们对幸福、平和、成就和完美的追求，它体现了一种力量，这种力量让人们热切地信仰上帝，让心灵比其表现出来的更加伟大、更加坚强。当周围的一切让我们感到困惑时，思想成了我们的支柱，让我们坚信正义、仁爱以及上帝的完美之爱，让我们莫名地拥有了幸福感。正是这种本能让我们相信，痛苦和悲伤不是人生的常客，终将会适时离去，找到它们的归宿。日落时分，深色的树林和烟囱掩映在红红的暮霭之下，远处的风景沉浸在暮色中，面带笑意，如梦似幻。此时，这种想法再次袭来，似乎有一个亲昵的声音在我耳边

①威廉・布莱克（1757—1827），18世纪诗人，英国第一位重要的浪漫主义诗人、版画家。

低语：

"是的，我无处不在，比你想象中的更高大、更亲切、更真实、更优雅——但现在还不是揭晓这一切的时候。"

我无法解释，也难以理解。此时此刻，这种情感，让我真的觉得，自己不再是上帝之子，而是与他融为了一体——我与他只是暂时分离，为了实现圣洁的天意而羁绊于此地，带着尘世的枷锁，怀着模糊的记忆，像一个梦醒之人，在竭力回忆刚刚逝去的美梦。此时此刻，真希望自己变得与众不同，强大起来，获取更多的自由，拥有无限的耐心、温柔和爱意。可天意难越，我只好带着震惊和怨怼重返人间，不得不再次见到那些邪恶小人、不良之心。

堕入地狱

几周以来，虽心情抑郁，但仍一直竭尽全力，想获取更多的勇气、温情和仁爱，可所有的愿望却都一一落空。心情愉悦时，一切都轻松惬意，招之即来；而心情烦躁不安，百无聊赖，甚至心怀不满时，虽不断争取，却仍不能如意，到头来只会感到心神俱疲。更糟糕的是，我不喜欢博取别人的同情，宁愿自己孤独、寂寞地承受。我从不自我怜悯，而且别人的怜悯会让我感到羞愧、心虚。我知道，莫德看出了我的不快。可悲的是，这种不快让我们之间的关系变得紧张起来，这是从未有过的事情。我坐在椅子上读书，试图以这种方式消磨时光，扼杀妄想。无意间抬起头，发现她正凝视着我，目光中充满同情和爱怜。莫德清楚，我不需要同情。尽管她体谅我的心情，可却仍然难掩她的同情，如同我无法掩盖自己的焦躁一样。我变得烦躁、多疑，难以相处。然而从内心里，我真的渴望成为一个善良、温和、耐心、宽容之人。

菲茨杰拉德[1]说过，糟糕的身体让我们所有人都变成了坏蛋。最可怕的是，所有的努力都付之东流，我变得越发脆弱、易怒、不满。我没有，也无法从不幸中滤出它对己、对他人的益处。孩子是我的天使，可不幸也让我与他们的关系蒙上了阴影。麦琪，出于女孩子天生的本能——这是多么美妙的天性啊——觉察到了我的问题，就用尽幼小大脑想办法关心我、安慰我、取悦我。她天性敏感，我不想让她把精力过分地放在我身上。因为我没有任何好转的迹象，想一如既往地像以前一样已不可能。我不能工作、不能思考。关于如何去抑制不愿承受的痛苦的办法，我在以往的书中有过不少精辟的阐述，但我现在的痛苦已胜过任何其他难以忍受的痛苦。痛苦，似乎先知先觉，如魔鬼一样用最残酷的方式折磨着我。有位老诗人曾吟诵道：

“如能甜蜜地承受，怎会让惊悸的意志安顿下来？”

的确如此，我没有一丝的怀疑。但仁慈的上帝啊，很难想象，像我这样受尽祝福的人，竟会有如此脆弱的信仰和耐心！但即便如此，我现在仍能创造一些名言警句，如“学会满足于不满足”，这真是个难解之谜。可是，我却踉踉跄跄地走在黑暗的小径，穿过“没有被月亮捅破”[2]的树丛，这时，似乎心情有所宽慰，甚至有些浪漫的感觉。记得古时候的一位圣人，常在日落时分静静地读书。有一次，他突然预见了自己即将降临的命运。于是，书从手中滑落，可他仍端坐在那里，凝视着虚无的远方。他可真是位令人钦佩的圣人，不得不让我感到了自己的渺小。我再不敢画画，去描绘人濒临死亡时强忍痛苦的场景了。自己经历的痛苦虽不值一提，却常借用艺术家的多愁善感，挥霍奢侈的语言去把痛苦大肆渲染。有一次，在评论一位朋友的作品

①菲茨杰拉德（1809—1883）英国著名诗人、作家。因英译波斯大诗人奥玛·海亚姆得《鲁拜集》而闻名。

②原文为拉丁语。

时，我曾说这幅作品轻描淡写，无关痛痒，因为作者从未有过堕入地狱的经历。现在，我已踏入了地狱之门，对艺术的挚爱，对生命的眷恋，都在无情的寒冷中蜷缩。如诗人所颂：

地狱冰冷刺骨，寂寥明亮，既无黑暗，更无火焰！

在那里，为了挽救健康、财富和挚爱，我可以放手一搏，因为有可以承受的痛苦，有可以释怀的负担。可是，在这里，我没有寄托，只有空虚、茫然，它们不时在吞噬着心脏。我身处谷底，落入黑暗，陷入深渊。

1889年1月8日

冬日世界

清晨，地上白雪茫茫，远处的地平线上，一道棕色的光芒划过长空，勾起人无限的遐想。突然有了一个古怪的念头，我似乎从未真正拥有过这所房子。白雪神奇地照亮了房屋，屋顶上也罩上了一层白晕，如装饰的画框，但下面的房间却被映衬得有些昏黄和静谧。莫德和孩子们中午参加一项活动，我送她们走到门口。一幅多么动人的画面啊！皑皑白雪映照着她们充满朝气的面颊，带着娇媚，让她们白皙的脸上泛起一丝淡淡的韵味。听上去这脸色不会漂亮，可如果在现场，你就会发现这画面真是美好，如波提切利[1]画中的圣婴，粉红的双颊，浅色的卷发，散发着甜蜜而温暖的气息。和她们在一起，我无比快乐，至少表面上是无比快乐的。思想的涟漪在阳光的照耀下平静下来，可在思想深处，寒冷与黑暗仍在水底沉睡。与她们分开后，我到山谷中漫步。噢，只有我一人！多么美妙啊！大地上一片白色，黝黑的树丛和光秃的树木点缀其间，明媚的阳光遍洒大地，世界如水晶般晶莹剔透。太阳渐渐落下，透过黑暗的树林，天空一片橙黄，那种难以名状的渴望又呼之欲出（我无法解释，到底是为了什么）它似乎近在咫尺，又遥不可及。我悲痛

①波提切利（1445—1510），意大利文艺复兴画家，其作品风格诗意、优雅而含蓄，代表作《维纳斯的诞生》。

不已，大脑如无谷的磨坊，一片空白。我无可奈何。一句古老的拉丁诗句不时在敲打着心窗。作者想必也饱尝心酸，诗中满是悲伤。人们总是认为甜蜜美好的诗歌稍纵即逝，无论怎样的快乐在等待，灵魂永远不会停靠在同一幸福的终点。这首诗讲的是一只山鹬，这只迟来之鸟经常栖息在德文郡[1]家中的树枝上。

“啊，不幸的鸟儿，”他写道，“因为你，寒冬已剥光了所有的橡树，榛树林也失去了生长食物的希望。”

这似乎说的就是我。我停留太久，过于留恋慷慨轻松的夏日。现在，周遭的树叶已然脱落，伙伴们也飞向了南方。我瞪圆的双眼失去光泽，鼓起的双翼因饥饿而松垮，为何不能在这美丽之中再多驻留休息片刻？为何不能把美丽融入惊悸的心灵？不，我不会抱怨他人，更不会自怨自艾。

漂泊

日落时，我向家走去。穿过静静的花园，花园里的一切都笼罩在白雪当中，空寂无声。白雪覆盖着房屋，勾勒出飞檐、高瓦、穹顶、烟囱，姿态各异。青烟悠然飘入静默的天空，屋中的炉火不时闪现出光亮。此情此景，我感受到了美丽的永恒，甜美的希望，炉边的温情，真实的存在。我所想象的生活，都没有此时的生活更让我心满意足。但可惜，只能是精神上的满足。我为何不能走进房间，坐在温暖的炉边，捧书静读，让过去美妙的思想再次注入大脑，等待妻儿的声音在耳边响起，召唤我倾听她们的所见所闻？为何我只能像一个孤苦无依的孩子，脆弱而悲伤，独坐在废墟中，空自守着黄粱

①英格兰西南部的州。

美梦？相比于同时代的人，精神的饥渴不断督促我努力奋斗，我的付出也毫不逊色，甚至更胜一筹，为何回报给我的是我不想要的回报？为何我不能再次心满意足地沉入梦乡？

“在春夏交替的季节，鸟儿不再歌唱，而是怀揣美好的一切，休憩，休憩，再休憩。”

这才是我渴望而不可求的梦想。如同一只巨大的爬虫，用触角包裹住房屋，在屋顶、在窗下不停地蠕动。突然，爬虫的尾部被横刀切断，爬虫顿时委顿下来，无力地挂在屋顶，随时都担心被风吹走。然而，我却是朝气蓬勃，精力充沛，无忧无虑的，只是我的心仿佛被掏空一般。最近心情一直不好，也无法向人倾诉，因为他们只会揉揉眼睛，好奇地问我痛在哪里，苦从何来？我身体无恙，诸事皆顺，唯一的缺憾就是不能创作了。我已经写了六七部书，做了大量的笔记，构思了许多情节，设计了诸多场景，可现在，就是无法继续下去了。有时，极度的憎恶，让我撕碎书稿；有时，无奈的我，轻轻地把书稿丢到一旁。这些书稿没有任何生命力可言。可是，如果读给人听，他们会困惑地问我，到底出了什么错：这些书稿听起来与我以前的书稿一样有趣，一样可笑，毫无分别。但它们已没有了激情，没有了创造力，已经无法超越鼎盛时期的自己，人物宛如木偶，语言宛如一潭死水。现在做的每件事，都会勾起我对过去的回忆。假如强打精神写一部书，也会名利双收，许多人对其中的差别会毫无察觉。但真正的评论家会看出端倪，发现我已丢弃了成功的秘诀。或许，我会继续坚定地写下去，完成这可怜的、没有生命的作品，塑造出它僵死的肌体，然后给它披上华丽的外衣，体面地摆放在大家面前，供人们欣赏。但我无法这么做，也许是道义对我的约束。我根本感受不到丝毫精神上的倦怠，抑或能力的缺失——恰恰相反，我对写作如饥似渴，可唯一缺失的就是创造力。最糟糕的是，写作让我明白，我的整个生活一直以它为中心，我是多么依赖于它啊！清晨，我要读书、写信、处理各种杂事，但这仍阻止不了我想去写作的念头。虽然努力不去想它，不去期盼那种愉悦，但我时刻感觉到脑细胞中的某处，写作的种子正在发芽。下午，散步、骑马。下午茶后，快乐的时光终于到来。书中的情节，早已蓄势待发。我思如泉涌、下笔如飞，洋洋洒洒、一发不可收拾。一章写完，我又飞快地返回到已打完字的上一章节，理顺情节、丰富对话、润色语言、校对修改。晚上，没有客人时，我会大声地给莫德朗读书稿，而莫德则凭借杰出的本能，敏锐地指出书稿中的软弱无力、臃肿突兀、矫情伪饰，或者给予我慷慨的表扬。这是我最开心之事。回顾过去，一切都似乎太过于美好，太过于快乐，难再成真。我已拥有一切，可却失去了写作的快乐。而对快乐的追求，又毁掉了生活。我再也不能悠闲地构思精妙的人物、幽默的情节、意味隽永的对话。我茫然地凝视着花园、大地、树林，却无法从中获取任何的灵感。莫德与我之间亲密无间的关系也受到了伤害。我如同一介顽童，希望每一新奇的发现都赢得赞许的目光。莫德仿佛是天使，心地善良、温柔可爱。她与我促膝交谈，用爱和体贴拥抱着我、宽慰我，让我耐心等待。虽能感受到她为我所做的一切，可我仍遭受痛苦的煎熬。我憎恨自己的无能和怯懦，竭力独自去品尝痛苦的滋味。我绞尽脑汁、凝神苦思，为找到一丝线索做着无谓的挣扎，生活已然变得无味。我感到孤独、麻木悲伤。当无需创作之时，当书稿告罄之时，当酣畅淋漓地倾吐完自己的心声之时，我都会心态平和、悠然自如地凝神反思；而现在，这一切已不复存在。就像绝望的囚犯，只有死亡才是他结束凄凉、孤寂的唯一出路。

我的渴望

难道读书、画画、聊天真的不能让我获取快乐吗？真的不能，一切都只是毫无意义地浪费时光。以前，总有一个目光在眼前引导，像一盏明灯点亮道路。快乐指引着我的生活，让我从单调无聊的前行中获得慰藉。可现在，我踟蹰不前，四处飘荡。往昔的温柔，平静的时光，变成了枯燥的责任，让我全无感觉。我如此行为，不是怯懦，而是想面对现实的一种渴望。

“或许将来回忆时，心中会充满快乐！”

但现在，无论如何，我都不敢面对现实，只能听任自己的一事无成。我要聚积所有的勇气和决心，像真正的男人那样直面现实。然而，这种决心仍然不会产生任何的效果。我只是渴望，我那麻木的思想，能感受到些许温暖的阳光，让思想融化，让枯枝上的蓓蕾发芽、开花。

1889年1月15日

何时停步

我所面对的痛苦，就是它的虚无缥缈，难以捕捉，这是那些迫于生计而写作之人根本无法体会的。我不需要金钱，也不想功名。坦诚地说，我根本不需要任何有形的东西：盛宴邀请，莺莺赞誉，攀附富贵，功名利禄。我喜欢安静的生活，如贺拉斯[①]所言：我不想成为矛头所向。我已品尝过这一切，它们无法让我快乐。我承认，我本以为它们会让我快乐。我的感受同丁尼生[②]如出一辙——我厌恶蔑视的批评，也看轻善意的表扬——个别大师的表扬除外。然而，获得大师们的表扬却难于上青天，因为大师们都在忙于创作，怎会有时间、有心情去评价他人。

天才的奥秘

的确，我心中潜伏着一个邪恶的欲望，它与我的本性交织一体：我由衷地渴望创造出精品佳作。如作品能通过自己苛求的眼光，我就可以与写作再续前缘，因为我写作只是为了自己的愉悦，不会去理会它是否受到世人的

①贺拉斯（公元前65—前8），古罗马诗人。

②阿尔弗莱德·丁尼生（1809—1892），维多利亚时期代表诗人，主要作品有诗集《悼念集》、独白诗剧《莫德》、长诗《国王叙事诗》等，华兹华斯之后的英国桂冠诗人。

青睐。人们想当然地认为，除非作品毫无新意（我的作品不属此类）好的作品是不可能不受到世人关注的。济慈和雪莱，丁尼生和华兹华斯，都曾受到过责难，因为他们的作品过于标新立异，与众不同，超出了传统的评论家们的思想所及。我有自己熟稔的媒体，外加一大帮嗅觉灵敏的批评家，他们正逡巡搜索着那些精品佳作。只要自己的作品不过于独辟蹊径，就会得到某些人的赏识。但我所希望的，只是不要降低自己的评判标准。虽然对评论家们的判断不敢恭维，但我仍本能地想得到他们的赞许。我的痛苦是那种运动员们所感受的痛苦：在创造了新的跳高纪录后，却忽然发现自己双腿僵硬，身体发福，再也不能飞身越过标志杆了。我有一种强烈的感觉，人应该急流勇退，适可而止。如果功成名就之人，只知洋洋自得地不劳而获，坐享其成，没有比这更令人鄙视和可怜的了。我的故事，就像令人讨厌的布雷德老农夫一样，他凡事都挑三拣四，百般挑剔。他的妻子非常生气，就把他扣在了一堆石蛋上，让他在那里苟延残喘，度过余生。看见一个人，虽新书层出不穷，但却如日落西山一般，一本不如一本，思路陈旧、人物老套、情节庸俗，我会感到阵阵惋惜。总是希望，有哪位善良勇敢之人，可以告诉我何时收手。现在，这一切自然而然地发生了，而我却又无法接受，因为这是一种失败。就像弗兰克·巴克兰[①]笔下的猴子，直到进入温水瓶才知道外面更凉快，可是已经太晚，只能活活地被煮熟。占据我全部生命的写作生涯弃我而去，这让我的生命变成一副空壳。聪明之人会写一些无关痛痒的随笔，挑选一些鲜为人知的文学界的奇闻轶事，或者参观一下某位名人故居以及他早年的活动场所，评判一下他的作品等诸如此类的事情，填补空虚时光，并借此获得满足。但凡有创新思想并进行过尝试的人，都会对模仿他人作品，从边

①弗兰克·巴克兰（1826—1880），英国外科医生、动物学家。

角料中拼凑出复活节馅饼的行为深恶痛绝。除文学之外，我一无所知，而且我只会写传记文学。那些把他人的所作所为写入作品之人，自己的生平也会被一代代地书写，这真是一种莫大的讽刺。能有这种本能的反应，再自然不过。政治家们和军事家们的鲜活记忆终会渐渐隐没，但只要对这些伟人充满敬畏和遐想，就会产生强烈的欲望，想再现他们的历史，找到他们的灵感所在。不管是才华出众的诗人，还是想象力丰富的作家，只要不断炫耀自己在某地突然获得灵感的经历，人们就自然而然地幻想：这是何等神奇，有着怎样的悬崖峭壁、湖泊山林，才能孕育出如此石破天惊的思想，造就这些与众不同的天才；而决不会想到，这些其实不过是厚积薄发的灵感适时地闪现而已。我有一种冲动，想去探访一些天才早年活动的地方，不是因为希望发现其独特魅力的根源，而是因为他们教会我一个真理：灵感无处不在，只需我们去感知。现在的我，只能被迫依赖自己的想象，就像力士参孙[①]一样自言自语：

“我要像前几次一样出去活动身体。”

然后，诗句的结尾自然得如影子一般落在我身上，“他却不知，耶和华上帝已离他而去。”

---

①圣经《士师记》16:20。

1889年1月18日

癔症

一切都无关紧要，一切又都至关重要！我埋头奋力前行，像一只逆流而上的小船，迎着浑浊而凶猛的河水拼命向前，但似乎仍一无所获：希望、耐心、力量。从最初的奋起反抗，到现在，我早已无心恋战，只能默然承受、艰难等待。此刻，总会认为自己经历了别人不曾经历过的孤独，而这种孤独，又是无比凄凉。形单影只，甚至与上帝都远隔千里！如果感觉这种隔离，也是一个学习的过程，从中总能获得某种东西：能力或勇气，那么，也许就会欣然去忍受这种隔离；但我的感受却是，自己的活力和道德正被压抑、吸干。我不渴求死亡，不想默然忍受，我只渴求生命和阳光。不，我对自我状态描述得太不恰当。有时，我有种感觉，某种东西，某种力量，正试图与我交流，向我传递某种信息。很多时候，没有这种感觉时，自己的大脑就会失控，滑入黑暗混浊的状态。然而，过了一阵儿，当视觉和听觉重占上风时，神秘而巨大的光芒就会突然在脑海中闪现，照亮了薄雾笼罩的山谷，脱光树叶的山林，以及河水浸润的草地；这时，璀璨的晚霞，会低低悬挂在光秃的田野或是河水漫延的平原之上，山风围着炉火掩映的房屋呼啸着，栖息在常青藤上被惊醒的小鸟在轻轻低鸣，伴随着孩子们的欢叫，笑容洋溢的脸庞，以及那打破宁静夜晚的乐声。我一时间感慨万千，所有的声音与画面不再模糊、朦胧，都清晰地展现在我眼前，它们为了某个神圣的目的，正传递着上帝的神谕。真希望自己能捕捉到上帝在黑暗和沉默中传递的信息。

1889年2月1日

灰暗的影子

我的不满和抑郁开始发作了。我变得失眠多梦，神经兮兮，常在恐惧的撕扯中惊醒。有时，还必须与难以忍受的狂躁作斗争。社交聚会，开始变得不可容忍。我不时会产生各种各样莫名其妙的感觉，这种感觉难以控制，令我晕眩、颤抖。此外，还偶尔伴有一种可怕的妄想，总认为周围的人和物正悄然溜走。为了控制住这种混乱的意识，常需费尽九牛二虎之力。我陷入一种莫名的胡思乱想中，常带着恐惧和震惊回到现实。几天前，我去看了一位著名的医生。他安慰我，还笑话我的恐惧，告诉我这是一种神经衰弱，不是幻想，而是一种真实存在。他认为我的大脑已过度劳累，正对我展开报复，而且我的大脑有点供血不足，等等。他认得我，带着敬意与同情给我治病。我告诉他，自从写完上部书后就一直在休息，已休息了太长时间了。他说还不够长。

“别把它当回事，”他告诫我，“不要做任何你不想做的事情”。

我回答说，困难在于我很难找到自己喜欢做的事情。他笑着说，你不要担心自己会垮掉。他开导我，告诉我要坚强。

“真的，”他说，“如果光为了医疗保险费，会有一打医生为你做体检，但即使这样，我也敢保证你没事。”

在检查期间，他还为我做了一次测试，非常随意的一次测试，好像他根本就不在乎似的。我想，他以为我不知道他的良苦用心。不幸的是，我知道，这是一次对病情严重的病人进行的测试。那真是一个恐怖的时刻，恶魔从阴暗中溜出，直视着我的脸。测试很快就结束了，医生继续忙碌着其他的事情。最后，他说：

"先生，事情没有你想象的那么糟糕。实际上，要好得多。不要惊慌，没必要过分紧张，也别再为此烦心了。你说现在写作进行得很不开心，这种感觉部分是理由，部分是结果。你过度地消耗了你的大脑，需要给它时间恢复。我认为你会慢慢康复的，还是以前说过的话：焦虑是没有缘由的。我只能给你这么多帮助，这全是我的肺腑之言。"

这位面带倦意、目光慈祥的医生，一生都在致力于探索人类痛苦的深渊，这是一种多么痛苦、却又多么高尚的生活啊！他的一席话让我有一种感觉，在这个世界上，他只有一个人要关心，那就是我。回到客厅去取帽子，看着等候的病人眼中焦虑的目光，我想，每人的心中都一定隐藏着一个难以启齿的秘密。作为医生，他肩负着多么沉重的担子啊！按规则生活，需要某种力量。从抑郁沮丧中抽身而出，会让我欣慰不已，不是因为我希望如此，而是因为别人发出了这样的命令，督促我要奋勇向前。

狂躁的神经

最头疼的事情，莫过于我的神经恣意任性，永远无法预测它何时张扬侵袭。过去以为，在我最不如意的时候，最易受到它的攻击，可事情并非如此。在有所准备之时，它会蛰伏潜藏；但当你感觉高枕无忧之刻，它却从洞穴中突然出击。治疗这种神经疾病有个秘方，那就是要把这种病当成一种顽疾，当成病人的固有病症，而不是健康人的偶然发作。疾病似乎只困扰人的精神，但却可以让你在不知不觉间成为它的猎物，笼罩在它的魔影之下。意识到这不是陷入自以为是的幻想而产生的后果，而是通过有色眼镜看到的正常状况，会大有裨益。但长期令我困扰的是，是否该放松下来无所事事，还是该攫取动力投身工作。大脑时常突发奇想，这些奇想有时让人激动不已，有时令人沮丧不堪。不管程度如何，疾病一直如影随形，而且精神上的困扰时有发作，反复无常。不发作时，你会充满活力，甚至偶尔会产生幻觉，魔鬼已然消亡。总之，这种精神折磨会极尽其所能，折磨得你生不如死，令你不得不质疑它的教育意义究竟在哪里？因为它只会让你缩成一团，疑神疑鬼、犹豫不决、放弃努力，令软弱和卑鄙大肆猖狂。最不可原谅的是，它让人把全部精力都投入于此。也许，它会让痛苦之人博得更多的同情，并因此感激涕零。然而不自觉间，好奇心也促使我体验到了乐观主义者那如沐春风般的至理名言，一位达观的作家曾说过："因为有了往昔美好的回忆，难道未来不会锦上添花吗？健康之人一定会有如此的思想。"

是啊，这位作家的身心一定非常健康。当要失去往日的欢乐，无法再重温往日的温情时，只有身心健康的哲学家才会认为，往日的欢乐会让未来更加丰满。普通人往往会满腹辛酸，感叹未曾好好珍惜美好的过去。回忆昔日的美好，并从中获取快乐，值得赞赏，这才是一种冷静的心态。但丁曾一针见血地写道："悲伤中的悲伤莫过于对美好的回忆。"①

①此处似有误。此话应为丁尼生所说。但丁原语为：There is no greater sorrow than to recall in misery, the time when we were happy. 最大的悲伤莫过于在痛苦中回忆幸福的往昔。与引用语大致相同，但不是原话。

1889年2月3日

娱乐

娱乐自我——是真正的困难之事。娱乐是，也应该是，天真的、无厘头的野性行为，但人类却借此冠冕堂皇的理由来长期纵情娱乐，其行为已胜过任何动物，因为只有幼小的动物，才会自我娱乐。狗比大多数动物的娱乐能力更强，但它只在表达同情和友谊之时，才会娱乐自己琢磨不透的主人，而不会去拿自己开涮。娱乐应该是人们想做、却有点愧疚去做的事情（可以说做时非常心虚），于是就精心编造出一些理由，比如说狩猎会让人走出家门，真正欣赏到乡村之美等诸如此类的理由。就个人而言，我从未从娱乐中获得过快乐，于是就尽可能体面地放弃娱乐。现在，我后悔了。真希望当初学校把手工制作课当成一门必修课程！我练过素描，弹过钢琴，但现在再也不想潜心静气地做这些事情了。成了作家后，我就放弃了所有的娱乐。我想真正的缘由是，我对它们毫不在乎，却以阿克顿[①]爵士所言的“决心的限度”作为挡箭牌，认为如果修剪了多余的树枝，就能让树叶生长在余下的枝杈上。现在我明白了，这是一个谬误，可是为时已晚。几天前，读了《金斯利的生活》[②]这本书，书中介绍说，金斯利总会定期的让自己劳累一下。按照他

①约翰·阿克顿（1834—1902），英国历史学家。

②查尔斯·金斯利（1819—1875），英国作家、牧师，也是一位著作颇丰的历史学家、博物学家、社会学家、小说家和诗人。

的说法，这么做的目的就是为了消耗大脑基部的灰质。他喜欢写作、钓鱼、昆虫和植物。此外，他还有诸多爱好。而布朗宁喜欢泥塑、华兹华斯喜欢长途旅行、拜伦爱好广泛，足以让他们保持姣好的身材。丁尼生有笛子，莫里斯[①]喜欢编织图案精美的毛毯，骚赛[②]没有任何爱好，所以死于痴呆。有自己喜欢的事情可做，是幸福的；有自己与众不同的事情可做，更是幸福。然而我怀疑，当然那些意志坚定、行动果敢的人除外，步入中年才培养爱好是否可行。

---

①威廉·莫里斯（1834—1896），画家，英国工艺美术运动领导人。

②罗伯特·骚赛（1774—1843），“湖畔派”三诗人中的一位，英国诗人、散文家。

1889年2月7日

绝望

昨天，孩子们在附近的一位牧师那里待了一整天。牧师有三个同样年龄段的孩子。孩子们当然想去，尤其担心我和他们的妈妈不与他们同去。我却非常希望他们自己去。偶尔，孩子们在没有大人的陪同下到陌生人家中做客，是非常有益的事情，这既会让他们抛弃羞涩，培养独立能力，也会让他们自己享受到快乐，甚至建立一段浪漫的友情。孩提时，我曾泪眼婆娑地恳求父母不要这么对待自己，但现在回想起几次做客的情节，仍历历在目，此事对我的影响非比寻常，对培养我的洞察力和创造力很有裨益。孩子们走后，我和莫德也走出家门。我的情绪非常糟糕，心情沉重，焦躁不安。我渴望知道自己的病症——种种激动的情绪和充满渴望的冲动——到底根源在哪儿，无人知晓。我们的谈话很是沉闷。我努力让她明白，现在的我是多么绝望，想让她宽容自己丧失了写作和爱的能力。她试图安慰我，却欲言又止，只说这一切就宛如列车穿过一条隧道，是必经的一段旅途，虽身陷黑暗却会在自我的挣脱中重见天日。我深深知道，在我悲伤的日子里，她比以往对我来说更加弥足珍贵，但我心中还存在一道阴影，从我游动的孤寂中投下。我预感到，她无法分担我的痛苦，于是努力向她解释说，如果世上还有一件事她无法与我分享，那就是我的空虚。如果杯中斟满了憧憬、情趣、快乐，哪怕是有形的焦虑，我都能轻松自如地把它们展示给自己最爱之人。但现在，杯中斟满的是无形的黑暗和恐惧以及那因空虚而饱受折磨的思想，我当然无法与人分享。正是这黑暗的虚无，才是我悲痛之源。如果有疼痛、忧伤，无论以何种形式，我都可以付诸语言，但对于月食造成的黑暗，又该如何表达呢？我说，不是我和她之间产生了隔阂，而是我变得遥远了、模糊了，如墓穴中的枯尸风干破碎。她一再宽慰我，告诉我说病主要是身体方面的，是长时间劳累的结果，我需要休息。没有一句责备的话，也没有任何我不够男人、胆小怯懦的暗示。她以为我真的不知情，于是开导我，让我认为自己的状况与普通病人无异。一次，她甚至怜惜地问我，有没有任何方式可以帮助到我。我不忍说出自己的想法：要是她能彻底忽略我的不幸，也许会让我感觉更轻松一些，这是对我最佳的疗法。同情，只会让我坠入更深的悲痛，因为它让我知道，自己一定是哪里出了错。而我却回答："不，没事，没有人能帮我，除非上帝点燃他熄灭的烛光。尽可能照顾好自己吧，别再为我劳心。"

我又补充道："亲爱的，我对你的爱始终没变，一如既往的强烈和纯洁，你不用怀疑。它现在只是隐藏了起来，只有我才能找到它。我就像一个在黑暗田野里的漫步之人，看到了自家灯光闪烁的窗户，虽感受不到家的温暖，却已知道家就在眼前，在等待着自己。他要寻找到自己所要的东西之后，才会回家。"

"他不能放弃寻找吗？"莫德笑问道，眼中泪光闪烁。

"啊，还不行。"我回答，"莫德，你不知道，工作对我意味着什么——没有一个男人能向女人解释清楚工作的意义。我想，女人活在生活中，男人活在工作中。男人做事，女人成事，这就是他们的区别所在。"

冲突

临近村庄。夕阳如红红的一团火球，沉落在平原之上，雾气从低洼处慢慢升起，月光如白色的弯弓，高高悬在天上。我们来到了之前去过的小栈。要了咖啡——在启程坐火车回家前——莫德非常疲倦，我就独自跑出来，在村里四处转转，看看在路上经常见到的旧庄园的遗迹。我突然感到一阵难忍的焦躁。我找到了一条通往庄园后面田野的小径，景色非常美丽。庄园左面是雾色茫茫的大平原，庄园高高的山墙和烟囱耸立着，俯瞰着苹果园。果园的围墙由砖砌成，古老而高大，门两旁是巨大的门栓，周围有几个石墩。古色古香的牧场簇拥着庄园，里面生长着久经风霜的榆树和枫树，围成了一个小花园。树枝上的小鸟鼓噪着，正排成一对一对的往家赶去。不知不觉间我来到了古鱼塘近前。鱼塘周围长满荆棘，古旧的房屋高耸，映衬在夜晚的天空之下，砖红色的大地与碧蓝的天空融为一体。我心中装满好奇，想到了居住在这里的那些陌生的生命，往昔的欢乐以及遗忘的悲伤。这美轮美奂、充满柔情的景色对我意味着什么呢？它不仅抚慰了我烦躁的心灵，更平息了我心中的不幸和悲伤。突然，我心中感到一阵剧痛，悲伤又重新袭来。我紧紧抓住栏杆，在强烈的痛苦中低下头来。紧接着，苍白的希望从心中涌起，诱惑着我放弃一切，把自己交到上帝的手中。也许，我就为此而来？可能崭新的生命正等待着我，它绝不可能像现在这样让我难以忍受。也许什么都没有，只有沉默和混沌在对我翘首以盼，让我不再受梦魇的打扰，安然入眠。看到我这样，莫德一定会非常悲伤，但即使这样，她也定能理解我的处境。不知过了多久，四周已渐渐暗了下来，凄冷的夜雾笼罩着牧场。我又重新拥有了坚毅，我的生命不该就此结束。莫德和孩子们的形象浮现在眼前，我知道，除非有人把我们生生隔离，自己决不能弃她们而去。我必须勇敢面对，斗争到底。想到死神在蒙蒙夜色的掩护下悄悄袭来时我所感受到的强烈的快乐的冲击和晕眩，虽然由衷地希望、也不停地祈祷，让死神带走我的生命，但我知道，自己更相信生命的归宿绝不是这样。过了不久，穿过浓浓雾色慢慢往家走去，看见莫德在等着我的归来。那一时刻，我明白了，我所经历的内心的挣扎她一定能感受得到，她肯定从我的脸上读到了什么，正惊慌地抬起头凝望着我。也许在那刻的安静中，我该告诉她自己曾经有过的想法，这样会让我感到心安，但我不能这样做。刹那间，无形的灯火从心中闪现，在黑暗中光芒四射。我害怕自己再也不能承受这痛苦的煎熬，我要奋起抗争。我一直屈从于痛苦的折磨，现在是时候了，我不能再随波逐流，我要从痛苦的漩涡中挣扎而出。离开小栈时已是深夜，月亮弯弯，夜色皎洁，夕阳的最后一抹残霞仍沉浸在夜雾之中。我已沉入人生的谷底，该如何向人倾诉衷肠？我的大脑浮想联翩，呈现了一个个匪夷所思的可怕景象，呈现出我即将面对的恐怖的真相。也许同样可怕的诱惑会再次抓住我，更会一次一次地让我陷入绝望的深渊。黑暗的精灵又在召唤我。结束这一切，一个空灵的声音响起：让你的亲人不再遭受这痛苦，让悲伤随岁月渐渐湮没，不要再让亲人坠入阴影笼罩的人生之渊，与你阴阳相隔，悲痛欲绝。精灵再次飘然而逝。再一次，坚定的信念占据上风。

禁门之内

坐着疾驶的火车回家时，有一个念头涌上脑海。这里的我，曾经漫不经心地做着人类情感的交易，曾经满怀浪漫和柔情书写生命中的黑色：绝望与痛苦、自我的毁灭、病态的恐惧；这里的我，曾经与黑色不期而遇，与它进行过殊死搏斗。我以为，自己再不敢说出这些。但揭露这些神秘的黑色，能否提升自己的安全感和愉悦感，给自卑的读者一番鼓励，给充满同情心的读者一次振奋精神的体验？不，当黑色侵袭时，就根本体验不到任何崇高和浪漫。黑暗，漫无边际、深如墓穴、冰冷刺骨。不知我做了什么恶毒之事，亵渎了圣灵，竟然遭受如此严厉的惩罚，却仍要克制自己，将这切肌之痛描绘得这般形象生动？我终于品尝到了苦涩和悲痛，还要把颤抖的心灵推入瑟瑟发抖的绝望。我像古老传说中快乐的女仆，走进了禁门，迎接我的是突然袭来的恐怖，到处是蜷缩的尸体，脸盆中浸满了鲜血。生活，在一夜之间就发生了天翻地覆的变化，变成了漫长难熬的痛苦，这样的故事人们常常读到。有人认为，故事中的主人公该负有一半的责任。有人认为，任何黑色的经历都有其自身的艺术价值。还有人认为，主人公应重新抖擞精神，振作起来，投入崭新的生活。而我却终于明白，生活怎会在内心结冰；终于明白，女人怎会在生产时发出尖厉的诅咒；终于明白，人们怎会欣喜地背转世界、远离尘世的喧嚣，等待上帝的最后一笔。

1889年2月20日

矿井

有一个康沃尔郡[1]农夫的故事。在一个漆黑有雾的夜晚，他走在回家的路上。为了避开沼泽，他特意选择了一条熟悉的小路。这条小路要经过一片荒地，荒地里有许多遗弃的矿井，矿井的保护围栏早已腐烂，没有人照看、维修。有些矿井被填死了，有些矿井仍然敞着口，几百尺深，完全暴露在野外。农夫迷了路，迷茫地走了很久，发现自己来到了矿井旁。意识到自己处境危险，他就坐了下来，决定等天亮再走。可是天气阴冷，他害怕被冻僵，不敢多待，就万分地小心，沿着下山的坡道向矿井外安全的地方走去。虽然他小心翼翼，却仍一不小心掉在了矿井边上，脚悬挂在半空。他用尽全身气力往回拖拽身体，慢慢挪动了几尺的距离，抓住了周围的野草和荆棘。幸运的是他的脚踩到了一块石头，虽然身体还摇摇晃晃的，但不再往下掉了。他就这样抓着野草，忍着疼痛，一动不动地悬挂了几个小时。他不停地叫喊，希望有人看到他没有回家，能出来搜救。不知过了多久，搜救的人群终于听到了呼叫声音，灯光穿过雾霭照射过来，这让他如释重负。顺着他发出痛苦的嘶喊声，救援人员找到了他。借着灯光，他发现自己趴在一个已被填死的矿井之上，距离地面也就一尺左右的距离。如果支撑他的石块不能承受他的

①位于英格兰西南。

身体，他就不会这么长时间的遭受这令人窒息的恐惧了。

预测

这个充满寓意的故事很好地说明，恐惧和焦虑是怎样扰乱我们心扉的。好比肯斯菲尔德伯爵[1]所言，人生最可怖的悲剧往往是一些从未发生的事情。卡莱尔也用他优美的语言一针见血地指出：往昔之所以美丽，就在于回顾它时没有了恐惧。威廉·莫里斯讲的故事与前面讲的故事有异曲同工之妙。一次，他参加了一个激进者们的聚会，他对这样的事情向来不感兴趣。当有人询问聚会的情况时，他回答道："与我预料的一样糟糕透顶——真乃世间罕见。"检验人生是否幸福有一剂良方，那就是看他到底能在多大程度上忍受一些不堪回首之事的考验。我性情急躁，喜欢遐想，一联想到可能发生的不愉快，就会长时间地陷入情绪低落之中。坦诚地讲，事情实际发生时，往往没有预想的那么可怕。生活中的一些事情，尽管我们刻意躲避，不去回忆，但它们往往造成了意料之外的悲剧。即使这样，它们也没有预料的那般可怕。奇怪的是，经验往往无助于人。现实中的各种可能都没有预料的那么糟糕，这一观点并未让人从中获得耐心或者勇气。原因很简单，丰富的想象力总会添枝加叶，让人感觉此刻的情况与众不同，难以忍受，需要我们格外当心。另外，人们总是徒劳地费尽心思预测种种揪心的未来。归根结底，对未来的预测不过是种种选择而已，最终只能会发生一件事情。这就是令我沮丧的缘由所在。对未来的种种恐惧，本能地包裹着我，让我想的只是如何在漫长枯燥的生活中消磨掉这些枯燥，这也

---

①本杰明·迪斯雷利（1804—1881），第一代比肯斯菲尔德伯爵，英国保守党政治家、作家，曾两次担任英国首相。

成了我唯一的职业。现实不值得信赖吗？是的，它的确不值得信赖。理性告诉我们，一切都会走向正轨，但这种理性哲学并未深入我思想的深处，所以思想仍在自言自语：没有从善的希望了。

通过思想的努力能获得耐心吗？我想不能。如同在舞台上表演的演员，虽然在哆哆嗦嗦地告白说有希望，但软弱的思想却在内心大喊：已经没有希望了。我所能做的，就是尽己所能去获取耐心。也许有人想以漠然的态度对待生活，希望流逝的岁月抚慰跳动的心脏和悸动的神经。但我却毫不渴求这样的生活。我信奉的人生信条是，人不该失去激情和精神，不该消极地等着物质享受，人生应该充满悟性和情感。讲到这里，我又重蹈覆辙，犯了错误。我一生中从未钟情于悟性和情感，只是致力于所悟、所感的艺术。我当然衷心希望我说的不是事实，但似乎我已漂泊得太远，驶入了温情的浅滩，沉溺于自我之中，再无找到出路的可能——回到恣意纵情的大海，回到千回万转的碧波中间。我变成了久久留恋于迷人的瑟茜岛[①]的水手中的一员，贪婪的倾听岛上发出的魔幻般婉转动听的歌声，在无法摆脱的魔力面前陷入绝望。在过去的自由时光里，心脏在轻快地跳动，和风吹拂着面颊。现在，这一切都成为了幸福的回忆，虽然美妙而欢快的歌声仍能从唇边响起，但一定是经过了精心的艺术处理。

①传说中女巫经常出没那里，她们有把人变猪的法术。

1889年2月24日

访友

我外出了几天，拜访一位老友。他是一位牧师，未婚，住在乡下。他与助理住在一起，他们的房屋很舒适。我正在好转——但到底好了多少，却难说——这得益于地点、环境、思想和氛围的改变。在家里，同情和爱怜包围着我，虽非是家人的刻意而为，我却仍能感受它们的存在。我的一举一动，一丝微妙的变化，都会引起关注，得到爱怜和询问。我的沉默，一定代表沮丧；我的谈笑，一定是在与沮丧抗争。如果说我讨厌这一切，听起来过于冷酷无情。我决无贬低这种柔情的关怀之意，但它无形中增加了我的压力，让我时刻保持警觉：我要不断努力，争取表现得正常。感受周围的人给予的关爱，让我深深动容。但拥有我这种心态的人，总羞于表达情感，甚至会畏惧和逃避情感。有了这种思想，表明我欠缺质朴和勇敢。但几乎没有，或者是根本没有任何女人可以本能地感受到这种差异。真正的切肤之痛，可以坦诚地表露出来，获得的关爱和同情越多越好，这是生命维系的关键。但我的痛苦根本不是这种真正的切肤痛苦。我的痛苦根本无法袒露，或许最好的办法就是对它置之不理。我希望获取的唯一帮助也不是同情，同情把人的思想转向内心，让人感到孤寂、凄凉，而治愈我的唯一希望，就是抛却孤寂和凄凉。在哈普顿[①]，一切都不同以

①地名。在英国有两个叫此名字的地方，一个位于英格兰西北部的兰开夏郡，另一个位于英格兰东部的诺福克郡。

往。马斯格雷夫和他的助手坦普尔曼，从未对我的胡思乱想感到头疼。我认为，他们没注意到我的状况。我沉默无语时，他们只会认为我无话可说。他们理所当然地认为我健康正常，正是他们的这种想法，让我暂时恢复了正常的自我。

令人欣慰的友谊

与他们谈话也是一种缓解。女人在一起，窃窃私语才是她们真正聊天的开始，政治、书籍、男人、见闻、趣事只是铺垫，女人谈论它们就像男人打牌游戏一样，纯粹为了消磨时间。在哈普顿，马斯格雷夫的谈话漫无边际，从他的邻居、男孩俱乐部、新风琴，到主教，再到工作，等等。我过去认为他是个唠叨多嘴的人，现在看，他的这种唠叨让我感到多么愉快呀！我们一起长时间地散步。散步期间，他会随口问我一些书的事情，然后就开始他的长篇大论。他的谈话像潺潺的小溪，不停地流淌，他自己也表现出非常得意的样子。要是我偶尔插话问些问题，或者礼貌地表示赞同，他会更加得意忘形。我们谈论了农村的教育问题。他表现得聪明、睿智，他有关宗教运动的一些精彩观点，开明得让我刮目相看。此外，他还听任我做自己喜欢的事情。早饭前，我读书。饭后，我们一起抽烟，玩游戏，甚至打桥牌。乡村生活真是惬意。他下午忙碌时，我就独自散步。自始至终，马斯格雷夫说出的任何一句话都未表露出他认为我与众不同，或怀疑我不知满足，所以我欣喜地成为了他想象中的“我”。我的写作仍无改观，大脑如寒冬的树林，光秃空洞，对此我并不反感。借助于环境改善自我，看起来不太可能。但是，如果我能在这里做到心平气和，那么，在家里我也可以做到。我有一种强烈的渴望，想见到莫德和孩子们。也许我该定期出行几天。虽然我一再催促莫德与我同行，但她还是决定不来。她很有远见。明天，我就要回家了。想到这儿，我就十分高兴，也对马斯格雷夫充满感激，他让我几个月来过上了从未有过的正常生活。

1889年2月28日

安慰

关于我的状况，最令人沮丧的是，我不仅感觉自己毫无用处，而且认为自己挑剔、卑劣、令人厌恶。莫德的关爱，比以往更加强烈、更加温柔，但也于事无补。我感觉她爱的并不是现在的我，而是她记忆中的那个我。真希望再次成为她记忆中的我。我清楚，事实可能并非如此。无论我做什么，变成什么样子，莫德都会一如既往地爱我。但现在，我仍意识不到这一点。

几天前，一位朋友来看我。和他在一起时，我变得木讷、乏味、无助、焦躁。后来，我不得不写信为自己糟糕的境况道歉，告诉他我已不再是之前的那个人了，希望他原谅我没有控制好自己的情绪。今天，我收到了回信。这是一封最有男人气概，也最温馨、最甜蜜的回信。他写道：

“我当然看出来你那天不同寻常的样子，但如果你还假装与以往正常时候一样，仍对我恭敬如常，还在一脸苦相地装模作样，我们就无法在精神上如此接近。你这么信任我，让我走进你的心灵和思想，我感到十分骄傲，心中充满感激。请你一定要相信我说的话，我从未像现在这样爱你、尊重你。我十分理解，你现在走的是一条让你感到无助的路。坦率地讲——我为何不能坦率些呢——我认为你正勇敢地承受着痛苦。更难能可贵的是，你在以一种轻松自如的方式承受着痛苦。在你家做客的几个小时，我感觉到与你从未有过的亲近，更能清晰地认识你。一位作家说过：‘要想为人所爱，就要对人有益。’你知道得越少，也许对你越好。我不会劝你不去想自己的病，也不会劝你不要过分夸大自己的病情——对这点，你自己最清醒不过了。相信我，这种艰难的时刻真的是个人成长和增长见识的最佳时刻，所以老朋友，坦然面对，满怀希望地前进吧！”

这封信，既理智，又感人，我无法用语言表达出它对我意味着什么。它锻造了一条无形的纽链，比以往任何时候都更坚韧的纽链。它是脚下闪烁的明灯，让人即使在漆黑的小径上也敢坚定前行，完全不管山坡上如鬼魅潜行、婆娑的阴影。

1889年3月3日

《诗篇》第119首

在《诗篇》中，我最喜欢第119首。年少时，曾认为这首诗是何等的枯燥、冗长，讲的都是些无聊乏味的东西：法典、律例以及诫命。随着年龄的增长，它却变成了似乎最有人性的作品，不但有自己的思想，而且处处为人着想。《诗篇》中所有的诗歌，只有第119首是自传体的形式，亲切而富有人性。倾听《诗篇》，就倾听到了祈福者的祈祷，倾听到了他的叹息，他泪水滴落的声音。悲伤之外，还有一种深切的希望和坚定的信念，坚信无论发生什么，善与真，终将取得最后的胜利；纯与美，值得人们去坚守和追求。这首诗让人感受到了上帝的亲切，以及人们对上帝的虔诚。整首诗语调忧郁舒缓，而声音却高亢激昂，让狂喜与甜蜜完美地融合在一起。

这篇充满忧郁的诗歌，散发着基督精神纯粹的光芒，它宣扬平和与反思，厌倦尘世的喧嚣与争斗。刚才说过，这是一首自传体的诗歌。要知道在早些时候，自传是非常有效的文学创作形式，可以把自己的思想自由地浇筑在某位名人的模型中。写这首诗时，作者一定心中装有但以理[1]的形象，因为诗篇的背景与但以理的背景环境完全吻合。但不管怎样，作者肯定经历过诗中所描述的那种悲痛。让我梳理一下他的经历吧。他年轻、谦卑，有成为

①但以理，犹太人，基督教四大先知之一。四大先知是指以赛亚、耶利米、以西结和但以理。

富有之人的潜力。他还是一位流放者，或者生活在一个与他格格不入的社会中。虽是宫廷中的一员，却饱受鄙视、仇恨、诽谤、诬陷，甚至迫害。他的性格也可管窥一斑，他胆小怯懦，却野心勃勃；他禁不住诱惑，陷入了宫廷争斗，换来的却是饮泣吞声的苟且生活。他常常显露贪婪的本性，也犯过罪，却从自己的生死沉浮中学会追求神圣，投身于孤独和祈祷。他敏感多疑，常常失眠，悲伤损伤了身体，让青春失去了朝气。

关于他的事情还有许多，但最令人感到辛酸的是他所寄居的孤寂生活。没有任何的记载表明有人对他给予过同情。实际上，误解总是以各种方式笼罩着他的生活，赶走了他的亲人、朋友甚至挚爱。然而，他对上帝的柔情和虔诚却从未泯灭，对美德和真理始终有着狂热的崇拜，对纯洁和正义一直抱有强烈的热爱。他认为，自己拥有的东西比金钱和财富更为宝贵，胜过了所有的人类之爱。他所言所行，都表明了他对神圣上帝的痴爱，也因此付出了沉重的代价，遭受了不尽的嘲弄与仇恨。或许，正是因为他曾拒绝与根深蒂固的邪恶同流合污，抵制住了诱惑，才被世人视为恪守律例的典范，成为万众尊崇的圣人？我自己对此毫不怀疑。他深切地渴望生活中的纯洁与正义，无法容忍任何卑鄙与不公，大声喊出了自己的心声。然而，他显然不是一个勇于承受、敢于驳斥邪恶的人，他所能做的最大限度就是逃避邪恶，于是亲眼目睹了周围那些漠然世事、心怀叵测之人的飞黄腾达、过上了神仙般的生活，而自己却深陷误解、孤寂和泪水之中。

看见这么优美、精彩的自白以这种逼仄、局促的形式表达出来，感觉是多么奇怪呀！这是所有的诗歌中人工斧凿痕迹最明显的一篇，作者刻意选择了这种逼仄的表现手法：每八行构成一个独立的音节，以相同字母开始，每个字母都依次排序。想想在英语中以这样一种手法作诗——根本就是天方夜谭。只有一行例外，其他每行都由于翻译的错误而出现丢词的现象，但这些行中都提到了上帝的律命。构筑这么神奇的诗句，作者一定是煞费了苦心，每一辞藻都必然经过精雕细琢，才能让情感与气氛实现完美的结合、相得益彰，这精湛的艺术会让任何一首同等篇幅的诗歌望尘莫及。这首诗，没有任何错误或刺耳的音符，没有任何自以为是的沾沾自喜、自我满足、争强好胜。最难能可贵的是，这首诗完全没有一丝的得意忘形，那只会让德行蒙上阴影。作者未因执着地坚持真理而居功自傲。相反，创作时，他把自己当成了一个被赋予了超常禀赋的笨拙之人，一个不相信自己会被寄予厚望之人，言谈举止总是小心翼翼，唯恐辜负重托；他还把自己当成了一个担心会被自己的软弱随时出卖之人，一个从未为自己拥有一切而欣喜欢呼之人，因为担心自己的本性会让他失去这拥有的一切。这首诗语气谦卑，表现了人性的软弱与倦怠、罪恶与失败，又让人感叹道德的无暇之美。这首诗深深地触及心灵，感动了所有发觉世事艰难、诱惑难挡的犹疑未决之人；感动了所有经历无数次失败的锤炼，已经知晓可悲的幻想和钦羡终难梦想成真之人；感动了所有假如给予机会，就会英勇奋斗之人，虽然他们现在还因不胜厚望，只顾及眼前的难关和恐惧，未及分享上帝给予的欢乐，因此做起事来有心无力，畏缩不前；也感动了所有相信如果自己走入迷途，仁慈的上帝定会救赎他们之人；还感动了所有在心境自由之前，无法期望沿着上帝尊崇的律命前进之人。

1889年3月8日

死亡的阴影

几天前，去看了老同事达雷尔。他来信说非常想念我，但因生病，不能离家，问我能不能去看他？在剑桥时我们经常在一起，但离开剑桥后几乎没见过他。我们一直以一种英国人惯有的轻松的方式保持着友谊，一年见两三次面，偶尔互相致信问候一下。他不是我非常亲近的朋友——的确如此，他不是那种容易与人建立亲昵关系的人，但他是个志同道合的伙伴，坦诚直率，雄心勃勃。他当了律师，事业有成，娶了一位家境殷实的妻子。我想，他最终的理想是进入议会。上次见面时，他告诉我，他已经赚到了足够的资本，可以参与下次议会选举了。他的妻子性情温和，知书达理，也有一定的社会抱负。他们住在伦敦的一所大房子里，属于富裕之家。我过去吃午饭，饭前与达雷尔夫人在画室里坐了一会儿。我发现跟她在一起时，我感到一种莫名的焦虑。她一直在谈论着自己的丈夫，说他过于劳累，应该好好休息一下。达雷尔走进房间时，我明白了她的意思。他身体并没有很大的变化——仍然身材魁梧、面色红润、浓浓的卷发显得略有些蓬乱，但我一眼就看出来，他情况不妙。他很安静，可以说是快乐的，可他脸上的表情是我从未见过的，拥有这种表情的人一定是人生观突然发生了巨变，正准备踏入人生的最后旅程。出于本能，我知道他认为自己是个劫数将尽之人。他几乎没有谈论自己，我也没有多问。他讲了我的书，还有很多朋友的事情，但我们之间存在一种疏离感，好像隔着无形的篱笆。

体会

午饭过后，我们去书房抽烟。这时，他谈了一些自己的病情。他说，疾病改变了自己的计划。

“医生建议我，”他说，“必须好好休息一下——这对于一个嗜工作如生命，几乎对任何事情都毫不关心的人来说，真的难上加难。”

他补充了一些疾病的细节，从中我了解了病因。他又随便谈论了一些事情，但他似乎对学校趣闻、朋友轶事更感兴趣。无需有人告诉，我知道他希望我明白：他再也不想继续承担他在这个世界的角色了——我真的可以觉察到，凭借我们之间微妙的精神交流，他把我的来访当成了一次永诀。他谈兴很浓、情绪高涨，只不过过去的开怀大笑变成了今天的淡然一笑，而谈到老朋友时，言语中又多了一份温柔。只有一次，他几乎袒露了自己的心迹。他苦恼地说：

“像这样被排斥在外，感觉真不是滋味。我必须重新思考人生，我不想减速停下——平坦的道路就在眼前——但又似乎看不清目标。人必须坦然地面对一切，我从不认为如果一切重来，自己会做的有所不同。”

他匆忙转换了话题，开始谈论我的工作。

“你现在可了不起了，”他戏谑道，“每到一个地方，都听到有人在谈论你的书——我过去非常好奇，你是否有耐心做其他的事情——我曾说过，你不必为生活所迫而去写作，这也许会成为你的阻碍，但你却一下登上了峰顶。”

我向他讲了自己创作的经历和难处。他兴致勃勃地听着。

“你怎么解释创作？”他问道。

我回答说："嗯，也许你会认为我在凭借直觉说话，但最近我经常感到生活中有两根紧紧绷着的弦儿，两种不同的体会。一根是你必须全身心地投入工作，一刻也不得松懈，尽自己绵薄之力去充实这个世界。另一根却认为，一切都有始终，我们必须安静地坐下来凝神静思，才会意识到，我们来到这个世界就是要遭受痛苦，我们的所作所为其实对他人都无关紧要——我过去也有过同样的想法。在老霍斯金斯的课上，我挖空心思写的文章他看都没看，就随手给扔进了纸篓。我现在明白了，写这篇文章本身就已令我受益匪浅，学分已无关紧要。而当时，我却认为他真是个可恶透顶的老家伙。"

"是的，"他笑着，"说得有道理。但人也需要分数的。我总喜欢别人为我的工作打分。老朋友，很高兴你告诉了我这个故事。"

我们又聊了一会其他的事情。之后，我起身要走时，他非常激动，一再感谢我的好意来访。他告诉我，他不久就要出国，如果有时间的话，可以写信给他。

"如果我还能站着，我们会见面的。"他说道，脸上仍挂着笑容。

勇气

这就是我们之间的对话，其中又蕴含了多少言犹未尽的深意啊！他的许多话都表明，我也清楚，他预料不会再见到我了。他正受困于阴影笼罩的人生谷底，需要帮助和慰藉。然而，却难以向我倾诉。如果我表现出来自己已知道了一切，他会感到尴尬。而事实上我们彼此心照不宣。这次见面让我思绪万千，久久难以平静。这个男人的耐力和勇气，真令人钦佩，为了某一确定的目标，他会勇往直前地奋斗。他对宗教思想，哪怕粗浅的概念，都知之甚少。但他天性刚柔并济，热爱工作，有很强的荣誉感和成就感，鄙视多愁善感的缠绵之情——实际上我清楚，他对我的尊重是对多愁善感之人的尊重。很难想象，痛苦和死亡在这样人的生活中究竟扮演怎样的角色。生活和行为的突然脱节，让他知道，一定有另外一种生活，比他向来认为的真实生活更为真实。不知不觉间，我对他充满了无限的同情。然而，如果我的信念更强烈、更纯洁，就会向他表示祝贺，而不是同情。每每想到迷茫中他的身影，就有助于清晰地看到镜中的自己。我一直在聆听真理的讯息，它告诉我，人生如愿，取得辉煌的成就并不是人生的最高境界。所谓：当局者迷，旁观者清!真理帮助我抛弃纠缠不清的胡思乱想，张开双臂迎接上帝的礼物，不管上帝用石块代替面包，还是用咬人的毒蛇替换了健康的食粮。真理教会我祈祷，不仅为自己，更为了所有承受着难以承受的悲伤的人们。

1889年3月14日

职责

有件事让我一直纠结，难以释怀：人生的目的是什么，或者说应该是什么？人生的职责又是什么？我们应不应该履行自己的欲望和意愿之外的职责呢？道德家们认为，人生的职责，应该是帮助他人。有这种想法，是因为我们本能地以为，高尚的人一定具有无法遏制的帮助他人的渴望吗？有多少人是纯粹出于正直的本性在从事慈善事业？一生致力于帮助世界的人，都具有无法抗拒的天生的柔情，充溢着对无助者、贫弱者和不幸者的爱心，这是无法靠外界的刺激形成的。简单地说，人类有自知之明。有些行为自然而然地就会发生，有些行为必须付出艰辛，才有可能发生；而有些行为，却是无论如何都绝不可能发生的。比如，教士和医生，无论他们的人生多么高贵，在任何情况下，我都无法承担其中的任何一种角色。有时，要强迫自己去做职责之外的事情，虽然知道自己不应该这么做。情况允许之下，能毅然决然地从事自己职责之外的事，这样的人凤毛麟角。艺术家的人生很难梳理，原因在于从一开始，它就是彻头彻尾的自私人生。艺术家只做自己最渴望的事，怡情养性，发展才智。如果获得成功，他最惯用的言辞是，自己只不过是增添了一些纯真的享受，提高了人们的幸福感，帮助人们认识了美，培养了人们对美的鉴赏力。传统观点认为，成功给予了事业一个合理的理由，但这也增添了实现人生目标的难度。只要获得一定的知名度，人们就不再质疑人生目标的实质。如果把这一切都抛开，把人生当成一门课，就很容易地得出结论：做什么其实无关紧要。只要选择了阻力最少的道路，就会学懂人生这门课。

真是令人难以置信，自己的人生目标竟然是扑灭所有的欲望和冲动，远离最渴求之事，不断迫使自己从事毫无激情的琐事。这是斯多葛派的哲学理念，其最终目的是获得对恬淡寡欲精神上的忍耐和恭从。“我将合理分配自己的经历，拿出一些给自己，拿出一些给他人”，说出这种话似乎并非解决之道，应更大气、更慷慨一些。不去做理性而成熟的反思，只报之以礼节性的微笑、善意的容忍以及流行的套话，其结果就是，最慷慨奉献自己的人最终会陷入无法奉献的尴尬境地。

理想中的和谐

坦率地讲，在这种事情上，很难见到上帝有所作为，见到的只是如日中天的事业戛然而止，慷慨善良的品行为孱弱的身体或微小的谬误所诋毁，于是，诺言成空，男男女女被束缚于无人问津、难以相容的狭小世界，一切都变得混乱不堪。过度自信和自高自大，毁掉了这个人蒸蒸日上的事业，胆怯和疑虑让另一个人碌碌无为，这都不禁令人唏嘘不已。人生中最美好的东西，最美妙的机缘，如爱情和婚姻，都不能从责任感上获取，只能来自于无法遏制的本能和冲动，以此实现平静和谐的人生，实现热情而慷慨的自我发展，这难道不可行吗？我悲伤而烦躁的心，似乎既无能为他人造福而工作，也无力为取悦自己而工作。也许这种症状是因为我的道德观出了问题，抑或是灵魂上的不幸。然而，如果事实真的如此，如果曾以为疾病和痛苦不是神圣仁慈的上帝所赋予人生目标的一部分——如果这只是他圣意天机的一次失败——那么，挣扎奋斗就毫无希望。周围有多少男男女女，没有受到任何困扰和误解，仍没有明确的人生目标，只是随波逐流地盲目前行。我的一位邻居，多少年来每天都按部就班地到城里上班，他挣的钱能给孩子留下大笔遗产，远远超出了自己所需。他善良、正直，受人尊重、令人钦佩。如果富有和满足是获得上帝赞许的标志，像他这样的人一定是上帝的杰作，完全有理由乐观开朗。他会认为我所产生的质疑是一种病态，我的欲望是一种虚荣。他不一定比我正确，但他的人生哲学对他一定行之有效，远远胜过我所奉行的人生哲学。啊，我们在飘荡！我们在飘荡！有时，太阳映照碧波，鸟儿自由盘旋，我们的心在歌唱；有时，我们沉入汹涌的浪涛：狂风怒吼，暴雨如注，拍击水面。我们感到疲倦，孤立无援，不知道为何痛苦，为何欢乐。我有一个微茫的愿望，希望自己能全知全觉，了然一切，怡然自足。有时，啊，我恐惧的灵魂会在黑暗中突然闪耀，再无法辨别幸福与悲伤的任何一面。

1889年3月20日

卡莱尔夫妇

最近读了不少书，发现自己不知不觉间喜欢上了略带伤感的传记小说——一些多愁善感之人的悲欢离合。我想，部分原因在于自己能从他人的苦痛中获得慰藉；而另一部分原因在于，如果可能的话，从他人在泥潭中挣扎的经历中找到治愈心灵疾病的良方。现在，我又重读了弗劳德[①]的《卡莱尔传》和《卡莱尔夫人书信录》，并深深地为之感动。在这黑暗的几个月里，我感觉自己仿佛被拉入了这两位勇敢者的世界——卡莱尔夫人沉默中蕴含勇气，而卡莱尔执着中饱含艰辛——每个人所遭受的痛苦都匪夷所思、超乎想象、令人震惊，甚至感觉完全没有必要！卡莱尔完全沉浸在自己的精神世界里，而卡莱尔夫人却正与自己的精神世界进行搏斗。卡莱尔具有敏锐的本能，可以瞬间把思想变成激情四溢的语言，甚至可以利用绘画，把脾气暴戾的丑陋之人痛快淋漓地讥讽一番。比如，他把柯勒律治形象描绘成“到处打滚之人”！他的很多素描都是吉尔瑞[②]式的漫画人物手法，笔墨间蕴含难以言表的苦涩、焦躁或愤怒。卡莱尔夫人非常睿智，但他们两人都急需得到爱，也有能力慷慨施爱，这些在恶作剧般的注释和前言中可见端倪。

---

①詹姆斯·弗劳德（1818—1894），英国史学家。

②詹姆斯·吉尔瑞（1756 或1757—1815），18世纪最杰出的讽刺画家，曾经被尊为最有创造性的艺术家。

事实与虚构

如果真正进入卡莱尔的圈子，就会发现自己被他们贪婪地爱着，永远不会被遗忘或抛弃。至于卡莱尔夫人，接近她而不去爱上她，简直不可想象！只要感受一下她那哀婉悲切的心境，你就对此毫无疑问。信中有个场景，她患了一场重病之后返回家中，厨师和女仆听到她回来的消息，立刻冲上街道去亲吻她，伏在她的肩上痛哭不止。她有两位男性朋友，库克先生和霍顿爵士，晚上过来看望她——这使她既欢喜又惊讶——同样亲吻了她，与她拥抱哭泣。读过这本书之后，我久久不能平静，感觉自己已成为他们的圈中朋友，真心真意地想为他们做些事情，想去扭断打扰卡莱尔睡眠的那只叫早的公鸡的脖子。啊，有时甚至想敲打它，因为它总是考虑不周，只顾自己。几天前，无意间翻到了自己写过的一篇文章，里面对这对夫妻说了一些鄙视和讽刺的话，这让我无比愧疚和懊悔，甚至为自己花费了大量时间写小说而深感厌恶。像《卡莱尔传》和《卡莱尔夫人书信录》这样的书籍，肯定会超出了你的想象力，因为你所面对的是真正的人生。人生，变幻莫测、反复无常，令人深恶痛绝。正是人生的冷酷和反复，才让我转向了小说的道路。在小说里，任凭自己恣意走笔，纵情发挥，可以对人物进行灵活的变通，用尽安慰、美化、理顺之能，修复犯下的错误，让谬误和软弱结出甜蜜的果实。而真实的人生却难得如此，它只会变本加厉，让你雪上加霜，痛苦加剧、悲痛升温。小说最大的弊端是，它易让人产生幻觉，觉得可以温情脉脉地对待人生，按自己的意愿安排场景，结束剧情。以我为例，人生让我与魔鬼、悲伤和煎熬为敌，对待它们，我既无法置之不理，更无法绕开逃避，只能等到最终碰得头破血流，才恍然大悟，领悟了人生的真谛！该用何等的勇气、平静和乐观去迎战残酷无情的人生啊!想当然地认为人生可以随意矫正，这样的幻想越丰满，人就会变得越脆弱。要清醒地知道，人生如悲剧，悲情难以逃避。人生已然降临，恐惧和痛苦正尽施淫威，吞噬着你的心灵，久久不会离开。只有这时，你才有希望变得与众不同；只有这时，你才能艰难攀登上耐力和信仰的天梯。

1889年3月28日

春晚

从我所站的位置向西望去，奇形怪状的乌云正低垂着头，涂抹着灰蒙蒙的天空，它们有的在奔跑，有的在叹息，有的在互相道别。我站在一个长满青苔的旧门前，门位于劲风横吹的荒地的上端。前方杂草丛生，树丛中有深棕色的石楠，有矮矮的蓝绿色的金雀花，有浸着水的赤褐色的凤尾草，还有浅赭色的杂草，这些充满野性的植物，鲜活地融合成一幅赏心悦目的水彩画。左边，是一大块平坦的开阔地，依傍在低耸的小山边，一弯浅水流淌在神秘的谷底，映照着周围光秃秃的草丛，反射着冉冉升起的太阳发出的光芒。荒原上的山脉连绵不断，淡绿色的牧场、深色的树丛、黄褐色的耕地，还有那绿宝石般新长的麦苗，令人目不暇接。雨中的空气清新、温柔、芬芳。大地散发着淡香，荒林的气味也随风飘来。眼前出现了一条弯曲的山路，上面杂草丛生，布满了车辙的印迹，一直通向远处的荒野。在簇簇树丛中，两个模糊的身影慢慢接近，他们似乎肩负重要的使命，带着非比寻常的讯息，像两个信使一样奉命来寻找我，如同日暮时分拜访亚伯兰的那人[1]。我徘徊着。夜色渐浓，树林的色彩转淡，黑色山脊间的光芒隐没了，幽僻的农场夜灯已点燃。在这样的夜晚，水汽开始附着在篱笆之上，溪水潺潺，流淌

①《圣经》记载，上帝夜晚来临给亚伯兰神谕。

在草丛之间，山路上到处是蓄水的洼地。一瞬间，你会感到无比的倦怠、空虚和彷徨，像突然没有了目标，厌倦了劳作，不想活动，也不想休息。心灵渴望静坐沉思，像在下面光秃的树丛中见到的乌鸦，静静栖息在树梢之上，就为了等待太阳的再次升起，好再次恢复昨日的朝气。

朝圣之旅

今天，一切都不同以往。我内心平和，充满希望。我的心在窃窃私语，仿佛对一位老友在倾诉，毫不隐瞒地告诉他自己的目标、计划和行程。这时，我想起了这个世界上所有我尊重的人，为他们仍身心健康感到欣慰，相信他们此时也一定会想起了我。空气似乎装满讯息、思想和信任，把灵魂凝聚在一起，与上帝链接。今天，似乎不必做任何事情，只需如常地生活，一如既往的轻松快乐、与人为善。今天，朝圣之路平坦开阔，从篱笆之间绵延而去，其间既无山脉沟壑，也无歧路绵延，甚至都可以看见房屋的山墙和烟囱，正庄重地欢迎朝圣者的光临。“夜幕降临时的房屋”[①]，装满了虔诚的信徒和欢笑的少女。不再有伪装的安宁，也不再忘乎所以，而是变得无比坚强，信心满满，因为他们已经认识到了人性的弱点。我想，一定是大地的主宰者最近光临过此地，对它投以善意的微笑，发布仁慈的神谕，才让所有的朝圣者都获得了一片安宁之所。喳喳的鸟鸣，枝杈分离的树木，仍沉浸在上帝降临的喜悦中。那里，沿着绿草萋萋的小路，上帝正缓缓走过。不愿希望朝圣之路一马平川、毫无阻塞，一定会有新的重负需要承受，或许还要爬过昏暗朦胧的山谷，趟过幽深静谧的河水，你的步履一定会踉踉跄跄，鲜血一

①选自罗塞蒂的诗《爬山》。

定会毫不吝惜地流淌，到达终点时也一定会筋疲力尽。但今天，朝圣者不再有任何疑虑，对那遥远的目标也不再有任何的质疑。世界，也许是悲伤的，但有时也很甜蜜。悲伤，如无家可归的云彩，只知漫无目的地漂泊在空中；甜蜜，如看不见的鸟儿的音符，在身旁的树林中不时唱响，一遍一遍，慰藉着一个个满足于等待的心灵，那些不再因孤独而受伤的柔弱的心灵。

1889年4月4日

磨坊主

房屋下面是个山谷，山谷里有个磨坊。晚上薄雾时分经过那里，欣赏到了最具英国特色的风景。那时，磨轮静静地立在原地，宽宽的木板墙上涂着面粉，在傍晚昏黄的灯光下隐约可见，一片肃穆。水在渠中欢快地奔腾着，穿过闸口，像放学的孩子一样倾泻而出。磨坊也是农场，后面有一个草料场，可以听见猪圈里的猪在酒足饭饱之后心满意足的哼唧声，还有小牛把架子上的草料扒下来发出的声响。鸡群正向鸡舍走去，偶然间会高傲地来到草丛中央。我站在苹果树中，向高高的天空望去，看见吐绶鸡正颤颤巍巍地落在枝头，准备在那里过夜。果园里一片寂静，只能听见小溪潺潺的水声。磨坊的灯光在窗中闪烁，房间里正在举行一场欢乐的家庭聚会。坡上的牧场和抽着枝芽的树木，掩映着周围的一切，寂静无声，怡然自得——这是威廉·莫里斯喜欢的场景——这古旧的房屋透露着典雅、温馨而充实的家庭生活的芬芳，历久弥香，令人回想起所有建造家园的亲人和朋友，为了生活的需要，为了满足甜蜜的梦想，一代一代，不断改善着家园。

工作

磨坊主是位上了年纪的老人，生活富足、性情温和、喜欢工作。他和儿子们住在一起，三代同堂。我很好奇，老人的人生观是什么，但这无关紧要，我想我已知晓了答案。他的生活，就是诚实地挣钱，把孩子培养成为品行端正、自食其力之人，一家人可以白天尽情地工作，夜晚悠闲地享受。他从不无所事事，也不会忙于琐事。他很享受磨坊开工的时光，喜欢看见白白的面粉如涓涓细流倒入袋子。他喜欢逛市场，喜欢星期日的教堂祈祷，喜欢看着报纸吸着烟。他没有崇高的理想，也不能把细腻的情感转化成动人的语言，但他诚实可信、正直善良、理智刚毅。完美的生活有多种方式，我却很难想象，人竟可以这样生活：没有目标，没有希望，没有渴望。他会认为我的生活更不可理喻——一个人日复一日地坐在那里绞尽脑汁地去构思虚拟的人物情节。他对我的尊重，很大程度上取决于写作带给我的收入远远超出他的磨坊收入。他也是普通人，习惯以收入评判他人，这很正常，也正是无数这样的人构筑了美妙的乡村生活。他还是个仁慈善良的磨坊主，可以保证自己的工人只要恪尽职守，就会衣食无忧。虽给得不是十分慷慨，但却带有浓浓的乡邻之情。我想问的是，像他这样的人，是否应该成为人类的楷模呢？他代表着普通人中最高层次的品行。人的欲望与环境相辅相成。他非常知足，似乎的确应该成为人类的典范。而他最核心的美德：正直诚实、善良理性，这正是文明的产物，上面刻着圣人、智者以及理想主义的烙印——他们认为，一切都会更加美好，也同时会为世界的不完美而苦恼。我脑海中突然闪现出一个异想天开的念头：假如磨坊主与化为肉身的上帝不期而遇，他心目中上帝的形象该是怎样？他的理想就是平静富足的生活，也许感受不到上帝无私和超凡的魅力，所以，他可能会略带轻视地把上帝当成一个令人困惑、不切实际、易动感情之人。他甚至会感觉好奇，为什么人们不能管住自己的舌头，投身于工作。然而，他是一个模范市民，如果有人告诉他，他不是虔诚的基督徒，他会很恼怒。他接受宗教信条，如同接受数学公式，只吸收适合自己的那些教义。因此，与磨坊主相比，就人类的实用性而言，我甘拜下风。归根结底，我是蜂巢中的雄峰，只知吃掉不是自己采集的蜂蜜。我没有分享世界必需的劳作，没有像磨坊主那样利用正直和善良对劳动者群体进行有效的管理。但我仍然认为，我的群体更为敏感，在大千世界中的各个阶层总占有一席之地。没有上帝神圣的旨意，就不可能锻造和培养成现在的我。然而，我的分工有别于激情四溢的理想主义者，他们点燃人们的梦想，改变世界，维护世界。那么，我的分工是什么呢？我想，是填补人们闲暇时的空白时光，给人们带来快乐，构筑甜美的梦想。我衷心地希望，自己的妻子幸福，孩子们永远天真和纯洁，健康快乐地成长。

希望和信仰，必须如此短暂而狭隘吗？不需探究人生的奥秘就可以走过人生吗？我衣食无忧、生活富足、身体健康，生活可以说是悠然自在。我知道，同我一样条件的人中还有很多没有我这么幸运。然而，世界上的幸福几乎不取决于环境，更取决于多种因素的结合：功利心理、平静的心态、自制能力、机体活力以及想象力。想获取幸福，必须淡然漠视他人的痛苦，鄙视对灾难的预测。像我这样的人，人生之路总是阴影重重、悲伤连连。这种悲伤，来自于过于清楚地看到世界的瑕疵，却又无力看透世界，认清世界的意义，于是，总用模糊的希望安慰自己：渴望终会满足，梦想定会实现。但谁又能对此百分百的肯定呢？希望，诱使人们以默然的态度去接受现实世界，知足于自己的所得，尽可能避免深深的沉迷和强烈的希翼，学会了在漠视中锻炼自我。这是磨坊主们本能的行为。与此同时，人们还要努力去相信，这种忧伤是哈姆雷特式的忧伤，只因为他发现了世界的疯狂，于是生活中总是阴魂不散，到处充满忧伤。然而，这种哈姆雷特式的忧伤是高贵的，是一种超凡脱俗的癫狂。可人们却不堪忍耐，更难以承受和等待，只好绝望地捕捉仅存的光芒、温暖和快乐。唉！在欢乐与悲伤中，人只能永远陷于无助和孤独之中。

1889年4月9日

卢梭

最近一直在读卢梭[①]的书，发现他真是一个难以捉摸的人。《忏悔录》看似一本乏味、卑劣的书，令我无法透彻地理解他写书的动机。不可能是纯粹的虚荣心作祟，因为他并未宽恕自己。如果能制服阴影，传播光芒，他可能会把自己塑造得更加浪漫迷人、与众不同。我宁愿相信，他写此书一半是虚荣、一半是诚实。虚荣是主要动机，诚实是与之相伴的态度。我想，没有任何现存的文献资料可以像这本书，如此透明、真实，为此我们的确该感谢作者。人们通常认为，卢梭有着谄媚者的灵魂，本性顽劣、没有教养，总是寻求一些蝇营狗苟的低级趣味，从不考虑他人的感受。他当然恶习累累，但这不是全部。他还正直无私，崇尚美德，热爱人类，信仰上帝。他不是知识分子，也不是哲学家，批评家们讽刺他，说他的推理一塌糊涂，还说他知识匮乏，建议人们最好去读霍布斯[②]的书。这些批评多么滑稽可笑啊！卢梭之所以有如此巨大的影响力，在于他的观点充满诗意，全无干枯的哲学说理，他与为之预言的人类从未隔离。人类需要的是灵感、情感和带有感情的教理，他都可

①让·雅克·卢梭（1712—1778），法国伟大的启蒙思想家、哲学家、教育家、文学家，18世纪法国大革命的思想先驱，启蒙运动最卓越的代表之一。

②托马斯·霍布斯（1588—1679），英国伟大的政治哲学家，机械唯物论者，自由主义理论奠基人之一，功利学派的先驱。

以给予，他把欧洲从哲学家和犬儒主义者手中拯救出来。当然，他的这种生活是可悲的，受到了动物式的激情与冲动的摧残，也遭受了肉体和精神上的折磨。但人们往往会忘记那个时期社会上盛行的粗俗色调，这不是因为卢梭刻意隐瞒，而是因为没有任何一个同时代的人敢于如此大胆地袒露心迹。如果卢梭从《忏悔录》中删去十几个小节，也许这本书会更富有诗意，更令人反思和充满趣味。但显而易见，这么做会对坦白纯真的思想造成不良影响，人们会从他的话中得出结论：道德缺失无关紧要，情感经历与兽性等同。这么做有更为严重的危害，它会诱使人们认为，对宗教的虔诚可以与放荡不羁的感官享受结伴为友，道德卑劣的人也能够提升国家的思想情操。有些批评家甚至认为，卢梭道德败坏、行为放荡。在对道德的评判上，这些批评家们真该管一管自己的嘴巴了，他们的观点可以说是谬之千里。人们可以清楚地看穿事情的真相，但却不必按此行事。一个受到诱惑而大放厥词、鼓吹邪恶难以抗拒之人，照样可以口中念念有词地赞扬和提倡尊崇美德。对于读书人，只要不吹毛求疵抑或自恃清高，这本卑劣之书也一定会交织着芳香和美丽，可以提神醒目，怡养性情。当一个人受到疾病折磨之时，偶尔就会贪恋一时之欢。卢梭烦躁、多疑、虚荣、奢侈，就是这样一个人，却不断地表达着一种坚定的信仰：相信无私的情感，有着狂热的渴望，充满了对仁慈而温柔的上帝孩童般纯真的崇拜，竭尽全力去帮助苦难中挣扎的人们前进。对待卢梭，厌恶和钦佩纠结在一起，互不相让，让我们对他既无法同情，也无法谴责，体会到了表面鲜光、令人尊重之人身上，也有黑暗昏黄的角落，隐藏着邪恶的秘密和丑陋的回忆。《忏悔录》让我们直面邪恶的根源，但透过它幽暗的灯光，仍依稀可见银色的光芒、遥远的希望以及对人性的弱点与瑕疵的无限同情。我们无法爱上卢梭，却不禁好奇，为什么这么多人为他着迷；我们无法评判他，却在看见他掉入深深的泥潭中难以自拔时，惶恐地大喊救人。

1889年4月14日

幻觉

有一种幻想，必须引起警觉。幻想，让我可以清晰准确地看穿精神世界，但它同时也把信奉传统宗教之人打入了谷底。罗马天主教认为，教会永无过错，教会就是上帝精神的阐释者。这种观点，其实就是对大多数人所持有的灵感论的一种信仰，甚至是对官僚主义者的灵感论的一种信仰，很容易成为这种幻想的猎物。新教建立在文本和先例的基础上，受到法律信条的约束，但它把那些能言善辩的门徒和福音传道者的名言等同于上帝的教诲时，也很容易落入幻想的圈套。

歪曲的信仰

几天前，读到一本东正教的印刷版布道书，它对宗教中的自由主义进行了尖锐的批评，也许通过它能明白无误地表达我的观点。

“致圣·保罗及圣·约翰，”传教者说，“大自然与世俗之人远离上帝，难以救赎。上帝的肉身降临人间，只为了与人类进行亲切的沟通。上帝谨小慎微，就是为了让人类明白，这种沟通只针对赎罪再生之人。在获得重生进入天国之前，人类还不是上帝之子。据上帝所言，无论人具有多么巨大的从死亡中获得重生的潜力，他还是邪恶之子。”

这样的布道令人感到无比的恐惧和厌恶，很难用语言来形容它的无耻。耶稣本是来到人间寻找迷失的灵魂，这种布道却把过失归咎于他，是一种丑恶的背叛行径。假如基督耶稣无情地把经学教师和法利赛人[1]当成被遗弃的人类，当他按上帝的旨意把这震惊的消息大声传递到他们的耳中时，上帝的谆谆教诲又体现在哪里？生灵独有的希望又在哪里？如此的教义故意诋毁上帝，只会玷污人类的思想、灵魂和心灵。基督耶稣向那些罪孽深重之人所传递的真正讯息是，不管怎样腐化、堕落和无耻，他们都确切无疑的是上帝的孩子。这条讯息号召有罪者认识到这一点，并自然而然地感受到它。耶稣真正满腔怒火所要谴责的人，是那些背弃上帝的仁慈，妄称知道并任意篡改上帝旨意的人，他们诱使有罪之人相信，上帝是无情的法官，会苛刻地评判有罪者的罪行。他们掩盖了事实的真相：上帝是最为慈爱的万国之父。按照这个布道者可怕的教义，上帝会在世间抛弃无数人类，而他们大多都是魔鬼之子，有着堕落的本性，继承了恐怖的遗传。他们的命运已有天数，出生时便已注定终生陷入无助和迷茫。现在他们是有罪的，今后也注定迷失。他们的道路充满艰辛，灾难成为他们的向导，胡乱地指点着方向，任由他们自己在纠结中寻找心灵的出路，否则，就会自生自灭。可真相恰恰相反，那个神圣的声音对每个人都发出宣言：

“虽然你们身受羁绊和束缚，但仍然是我的孩子。无论多么渺小，只要求助于我，向我敞开心扉，努力成为你所希望的人，我都将引导你向我走来。我所需要的，只是你们与我一同努力。只要进行真诚的忏悔，罪恶的社会就无足轻重。如果让我选择和命令，我将永不情愿你再去作恶。我比你们更了解你们自己，更了解你们的困难、诱惑和弱点，强加给你们的悲伤绝不

①圣经《马太福音》23:2。

是可怕而恶毒的惩罚，而是我仁慈之手对你们的挽救。只要相信我，不再绝望，我就会把你们带入和平。”

神秘中的神秘

世界本已充满恐惧、痛苦和艰辛，但最为可怕的是人类自我拙劣而恐怖的设计。自古流传的地狱理论阴森恐怖，它让顽固、扭曲的灵魂藐视上帝，作出黑暗的选择。但这只是一种徒劳的尝试，妄想为人类的蛮力涂脂抹粉，而对上帝的仁爱渺然视之。地狱理论否认了真相：如果人类作出了选择，上帝就会以特有的方式让软弱的人性听从召唤，为黑暗的灵魂展示神圣之美。否认真相，就是否认全知全能的上帝。即便嗜好疯狂的罪恶和无涯的痛苦，但如能发现和平与快乐之路，谁又会刻意拒绝他们呢？如果相信上帝之爱是完美的，又怎能想象上帝会鼓励人类藐视他至纯至真的仁爱呢？上帝自言自语道：

“我要创造一个可怕之人，让他对我极尽藐视，并因此遭受无尽的痛苦。”

但事实的真相是，全知全能的上帝反而受限于自己的全知全能。比如，他不可能抛弃自己，也不可能创造一种比自己更强大的力量。假如上帝确实能创造一种可以藐视自己的生命，那么他正在创造一种比自己还强大的力量，这根本就不可能。虽然罪恶的根源神秘莫测，难以解释，但我们必须为自己有所不知而感到心满意足，因为人类狭小的思想难以阐释一切。如上帝无所不在，无所不能，难以想象，有何事物不为他所知，不在他的心中？如他创造了可以选择罪恶的人类，他一定会创造一些罪恶供人类选择，因为人类无法选择不存在的东西。如果人类可以藐视上帝，上帝一定会给予他藐视的想法，因为没有上帝的允诺，任何想法都无法进入人类的大脑。

面对诸多难解的神秘，我们却妄称看穿了所有的世间生灵。实际上，我们能做的只是要认识到，爱的信念比邪恶的想法更坚强，所以要竭尽全力坚守爱的信念。如果随意标榜自己为他人的人生向导，像刚才的那位传教者的所作所为，就是用自己代替了上帝，是令人深恶痛绝的暴政。只有借助于本能的正义和仁爱，才能真正理解上帝，并因此变得心境坦然，豁然开朗。无论发现谁鼓吹什么样的教义，但凡侮辱了正义和仁爱，就完全可以理直气壮地加以拒绝。至少我们知道，上帝不可能一方面赋予我们认识最高尚、最真实的本性的能力，而另一方面，却让我们对这种能力任意亵渎。像传教士那样的宣讲，可以毫无疑问地当成变质的思想，而非圣洁的旨意。我们充满感激，因为相信，任何困难与障碍、诱惑与烦恼，虽然布满了前进之路，但都是为了磨炼我们的意志，而不是阻挡我们的奋斗，都是上帝的有意而为，是为了让我们走向最终的幸福，而非陷入绝望。

1889年4月25日

罪过的含义

今天，在书架上找到了一本《神学手册》，是入教时送给我的。我站在书架旁，读了很长时间，过去的回忆似乎在书页中沙沙翻转。我清晰地记得，自己曾废寝忘食地读这本书，努力强迫自己接受其中的思想，并为无法践行书中的言行而由衷地感到自卑，认为自己很冷酷、邪恶、堕落。我该再做一次忏悔吗？很久以前，每天早晨一睁眼就是思想煎熬的开始。这时，每一次不悦或屈辱、每一次不快的遐想，都从睡眠的囚禁中解放出来，飞入脑海，迫使自己带着无奈、辛酸和痛苦看待一切——我深知这种痛苦在双脚踏上地板时就会悄然消失。每当受到这种思想煎熬时，我就会翻开手册阅读，以此获得深深的忏悔，最终落得泪流满面。虽然内心知道这有些矫揉造作，但似乎迎合了教理常规。书中认为，这种忏悔恰如其分，但对我却是一次深刻的自我剖析，一次可怕的经历，一种对罪恶习性的控诉。书中使用的语言，现在看来，不仅空洞乏味，而且会伤害正直的心灵，实在是对上帝的行为方式和圣洁的旨意缺乏信任的告白。

艰难的妥协

真正恰当的态度是：带着男人气概，与上帝进行一次坦率而乐观的合作。上帝向来以憎恶的态度看待罪恶，要求人对上帝的这种憎恶态度和他庄严的圣洁行为进行反思，是多么荒诞、不切实际啊！就如同人类向上帝灌输对软弱、缺陷、疾病和痛苦的仇恨一样不可理喻。莫不如说，上帝有着超凡脱俗的勇敢和美丽，对任何懦弱或丑陋都会嗤之以鼻。如果有人说，正因为上帝完美，所以对所有的缺陷都充满怜悯，也许有那么一丝道理——但话虽如此，可距离真相又何其远呀！相信上帝的真爱和仁慈，必须也要相信，那些所有的来自于上帝的莫名的缺点、诱惑和痛苦都有其自身的教育意义，都有着深刻的内涵和美丽的启示——这就是人类为之奋斗的意义所在。这多么令人难以置信啊！那些无知的罪过，只是表明你从上帝的手中获取了一些天性，这些天性表现出来的任性、懦弱、无常、喜欢享乐以及不知满足，都需要人们去理解，去选择，甚至去热爱。对性格、秉性、本性充满仇恨，比登天还难，除非对赋予这些品性的上帝充满仇恨。这真是一团纠缠不清的乱麻！那让人热爱和平、充满真爱和信仰的心灵，也正是诱导人屈从诱惑之所；那叫人艳羡的与众不同的谦虚和才华，也恰是让人沉沦之地。推崇宗教中充满了虔诚的圣人和自我折磨的苦行者，随着人生经历的丰富，只会让人对难以企及的理想采取可悲的冷漠态度。但要做出适当的妥协却难以想象。一方面，由于受到了道德义务和人们所渴求的成就感的束缚；另一方面，真相迫使我们认识自己的局限性，并且勇敢地坦承：提高道德修养真的难上加难。问题是，与人交往时是否该公布所谓的真相，还是出于良好的动机篡改真相呢？当某人既无道德上的责任，也不应受道德的谴责时，为了提高他的道德标准，该不该假装他也应承担道德上的责任或者应受到道德的谴责呢？经验告诉我，尽可能不在毫无意义的后悔中浪费光阴，要尽一切可能保持希望和憧憬，相信上帝会帮助我们实现那些可望而不可即的理想。今天，翻看这本手册时，感觉书中那些美妙绝伦却令人费解的文字正凝视着我，真希望此刻能有某位仁慈而智慧之人，向我解释它们的奥秘，但或许这种奥秘根本就是无法解释的。人必须亲身实践，才可品尝其中的苦涩与欢乐。

1889年5月2日

一首歌

有时候——这发生在每个人身上——常看见某人出于好意自告奋勇在聚会上弹奏或演唱。昨天晚上，在辛普森夫妇家中，有一个才华出众的年轻人，一直在哼唱着舒伯特的歌曲。他声音很低，发音含混、语气呆板、节奏单调，令我感到阵阵烦躁。

“天啊！”我自言自语，“演唱这么悲伤的歌曲意义何在？一群衣冠笔挺的绅士，酒足饭饱之后，庄重地围坐在火热的炉火旁，难道就是为了倾听这么悲戚的歌曲吗？悲戚到连舒伯特也会自愧不如、慨然感叹：这才是真正的舒伯特呀！”这个乏味的歌曲作者令我深受触动，想把所有的主观情感，所有的希望和渴望都一股脑倾倒出来，统统装入这陈旧的喜怒哀乐的表达方式中，就像基督徒把自己的情感都通过不停地祈祷表达出来一样。我想自己有了一个发现：一切皆为虚荣。

在对歌手一番称谢之后，我们又在嬉笑中谈起了当地的奇闻趣事。几分钟后，一个非常腼腆、单纯的小女孩，不情愿地被拽到了钢琴旁。她摆放曲谱的手有些颤抖，开始弹奏时也略显胆怯和犹犹豫豫。琴声响起，之后不久在钢琴的伴奏声中，她开始歌唱。这是一首非常流行的老歌。但是，究竟发生了什么？世界为何突然变得如此不同。小女孩声音低沉、悦耳，充满了深切而飘缈的情感，伴随着梦中经常出现的那古老而神秘的回音，仿佛近在咫尺，又似远在天边。我想，小女孩并没有多么丰富的思想或灵魂，也不是杰出的演员，但她的歌声传递出难以言传的魅力，悠扬婉转，绵绵不绝。伴奏的音符清澈如注，载满或欢乐、或悲伤的幻想，如浓浓的美酒倾泻而出。她的声音慢慢舒缓下来，余音缭绕，如清澈的溪水在石间流淌，如泣如诉，还夹杂着一种希冀，隐藏在触手可及的某个神秘之所。表达这么神奇、这么难以捕捉的美丽，又何必要付诸语言？我感觉，能够这样歌唱，才是在做世界上最有价值之事，因为它能够诠释美丽，揭示真理、维系生命，抚慰心灵。如同在沙尘飞扬的喧闹街道打开一扇门，展现出一片寂静的深谷，绿树扑地、溪水晶莹。放眼望去，是蓝色的平原，在遥远的天边，大海在明媚的阳光下闪耀着光芒。我曾有过类似的感受，那是在美术馆里。我在欣赏一幅一幅的画作——都是些夺人眼球却毫无灵魂的作品，我不禁扪心自问：人们煞费苦心的创作出这么多没有任何意义的作品，究竟用意何在？——突然，我看见了一幅素描，画的是盛夏里一汪寂寞的水塘，炙热的太阳高高悬挂在浓荫密布的树上，发出耀眼的光芒，水草茂盛的水面上有一艘停泊着的小船，上面一个人孑然独立，陷入如梦如幻的遐想之中。我的眼睛一亮，感觉自己被带入了奇妙的世界。这幅画的主题是什么？定格于如此丰富而又陌生的生活，其意义何在？这幅画背景设在了哪个寂静的乡村，哪片美不胜收的土地？高耸的树木和沉寂的池水又暗含着怎样的深意？在这充满温馨和芬芳，响着潺潺水声的漫长的午后，梦中人到底想起了哪片悲喜交织的浪漫之乡？这是艺术的盛典，这是意象的快乐。这幅画与世无争，悄然置身于这个喧嚣张扬的世界，显得更加真实。

一切循规蹈矩的作品——技法陈旧或是表现生硬没有灵感的艺术，无论完成得多么高超，多么完美无瑕，终究一文不值，充其量只是另一种枯燥乏味的劳动。而有些作品例外。这些作品也许得益于思想的灵光闪现，也许是旺盛精力的全力宣泄，更还有可能是莫名而强烈的爱好，连艺术家自己也无法解释清楚其中的奥秘，但这些作品绝不是艺术家的刻意所为，却表现了深远的现实意义。因此，在令人昏昏欲睡的乐曲声中，在色彩与色彩的单调重叠中，在词汇与词汇的乏味堆砌中，突然闪现了一个令人敬畏的神圣的景象，这时，你会顿时感觉一切豁然开朗起来，开始控制不住的激动。这种景象所传递的信息，是神圣的旨意，是真正值得拥有的宝藏，你会因此而宽容那些无法得到之人的枯燥劳作，或许他也感受到了同样的召唤，投身到了永恒的追求当中。

生活的艺术

生活的确如此。被迫来到大众面前，会感到阵阵的战栗和窘迫。这时，我们就情不自禁地扪心自问：在这种艰辛而徒劳的日常劳作中，行进在这单调而保守的道路上，人生的意义究竟何在？突然之间遇到一个人，神圣而伟大之人，他给人以希望，他用天堂之火点燃了简朴的生活，使生活变得优雅而美丽。于是，生活变成了纯洁和高尚的象征，并因此有了些许神秘。生活，有时通过一个字，一个眼神，把这种纯洁和高尚展现在大家面前。品行高尚、才华出众之人也许会与它擦身而过，而谦虚质朴、天性平和之人却可能拥它入怀。虽然无法解释其中的奥秘，也无法用语言描述，但你会在一念之间，产生一种感觉：人生意义非凡，前途一片光明。任何一个动作或想法，无论多么简单或普通，都会因它具有独特的意义和品味而变得令人感动唏嘘。能遇到这样一个人，真是人生的幸事，这样就可以借助于上天的力量，度过许多枯燥乏味的日日夜夜，因为已然知晓，人生的价值得到了最高的体现，一切都会变得美好、崇高而仁慈。但有一种行为，会让你错过这样的生活，失去这些美好的感觉，那就是恪守于自己单调呆板的人生计划，把时光当成无法追踪的猎物，白白荒废。我想，不必等待人生的黄金时光，因为只要为了探知人生的真谛，没有一刻不是人生的黄金时光。然而，怎样才能明白这一点并付诸行动呢？最近，我空虚的思想陷入了一个逻辑误区，把疲倦的时光当成必须要经历、必须要承受的考验。如不受到干扰，我会这样一直冥想下去，一直到华灯初起。但生活远比这更丰富，更高贵。人要学习人生的课程，要把痛苦带回家中，带入自己的灵魂。不要把痛苦当成乏味的插曲，而要看成生活自身的旋律和进行曲，不必顾虑痛苦会打破和谐，在忧郁而单调的音乐中弹出颤音。问题是，当一个人心满意足地沉溺于扮演的角色，自以为成为了平易近人、事业有成的榜样，可以激励他人并给人以启迪时，就不那么在乎他人的感受了。另一方面，当自己感到枯燥、烦心、焦虑、伤心和不满时，反而有机会为他人创造更多的幸福。

下面的这个故事，是我的一次有趣的经历。一次，我到伦敦出差，当时是我最低潮的日子。我和一位老朋友坐到了一起，聊着天。他平时活泼开朗，行动麻利，但那天他出奇地沉默、低迷。我耐心地开导他，让他把自己的问题坦诚地说出来。于是，他就花费了很长时间讲了他患上焦虑症的来龙去脉。正是这种糟糕的精神状况，让他的计划都随之泡汤。我就竭尽全力给他以鼓励，向他描绘美好的前景。我的这番努力不但让自己忘掉了自身的烦恼，而且也增添了朋友的信心。就这样，两个消沉萎靡、心身倦怠之人聚到了一起，不断给予对方慰藉和鼓励。我们知道，任何一个人都不是世界上唯一苦恼之人，面前存在着无数种可能，只要不再盲目和健忘，一切都尽在掌握之中。

1889年5月8日

设计

几天前，见到一位艺术家，他刚开始创作一幅作品，画面上只有几条依稀可见的线条。旁边有一幅小画，轮廓已经显现出来，但有几道刺目的油彩张牙舞爪地涂抹在画布上。

“请原谅我这么说，”我说，“如果谁能把这几道胡乱涂抹的色彩处理一下，与画面和谐起来，我一定会感到大开眼界。”

这位杰出的画家笑着答道：“我想，你跟我一样，要是看到罗塞蒂早期的作品，就不会这么说了。他画中的人物，脸上、胡子上都涂满了神秘的天蓝色，奇形怪状的，非常刺眼，但最后这些一道道的古怪的颜色都神奇消失了，变成了画面的背景。”

由此，我想到，生活中何尝没有这种美丽的传奇呢？生活中，会往往遇到一些不快，如焦虑或痛苦，对此，我们只会不耐烦地抱怨：“哎，老天为何不能公平、仁慈些啊！”但上帝像一位智慧而完美的艺术家，从一开始就预见到了结尾。我们生活在时空当中，只能看见恣意抛洒的油彩让绘画变成了色调张狂的拼凑之作。只有上帝才独具慧眼，清楚地知道如何调和色彩，让色彩和谐起来，从而创造了色调柔和的面庞与双手、树木与河流。这些柔和的色调，不经意间渗入进了粗犷的背景，从隐藏的道道抹痕中获取了力量和光彩。也许，有时可以悠然地欣赏一下那些往昔不快的经历，看着它们如何融入柔和、亮丽的生活，给生活增添全新的色彩。但凡带着一脸愁容去环视狭窄的生活空间，就根本不能想象出人生的画面该如何塑造。但不管怎样，终会有看到人生尽头的那一天。也许，人生最美妙的时刻，莫过于内心隐隐地知道，人生的过程虽然缓慢，却能徐徐前行，如同粗粝的线条和扎眼的色彩，终能演变成为动人的面庞和迷人的外表。而从一大片亮丽夺目的色彩中，我们又可以眺望远方波光粼粼的大海。

1889年5月14日

神圣的雕塑

学术界一直有一个争议的话题：赫拉克勒斯[1]是否存在于大理石中。雕塑家能看见赫拉克勒斯的塑像镶嵌在大理石中，他的使命就是把塑像雕刻出来，既不要太深，也不能太浅，把它完美地展现在世界的面前。双方争辩的焦点，实际上是理想主义哲学的根本问题。每个人都可以被看成一块大理石，中间埋藏着一个理想的自我。教育家的目的就是要塑造理想的自我，即柏拉图所说的“脱胎换骨”。难道这不是美妙而崇高的理想吗？当知道那个完美的自己就埋藏在大理石之中时，人生的经历仿佛是一次次雕刻，充满痛苦和煎熬，担心自己也许会如碎石般到处迸溅。刚开始时，会感觉这是一项粗糙野蛮的工作，不管大理石多么坚硬、结实，都会不顾一切地把它劈开挫凿。接下来，就是这一刀、那一刀地精雕细刻。很快，光滑纤细的四肢就开始显现出来。从最初令人困惑的劈凿，到碎片与肌体分离时的剧痛，再到光秃秃的石块变成眉眼依稀可见的塑像，这一过程需要多久？一旦隐隐地知道即将发生的一切意味着什么，就会明白，自己所经历的痛苦与煎熬实在不足挂齿，于是，脾气就会从倔强变得温顺，脸颊也开始清晰地显露出高贵的气质，苗条的肢体也展示出骄傲流畅的线条，这时，就该为自己的心甘情愿感到由衷的庆幸和激动了。

---

①希腊神话中宙斯与阿尔克墨涅之子，大力士，神勇无比，完成了十二项英雄伟绩。

1889年5月23日

道德的标准

歌德[①]创作《少年维特之烦恼》时，曾写信给他的朋友凯斯特纳说："为了安慰上帝和大众，我把自己写入了作品。"这番话完全出于善意，出于崇高的个人品行和非同寻常的骄傲，让人丝毫感觉不到有损人格的虚荣。歌德没有说，他也把朋友凯斯特纳和他的妻子夏绿蒂作为素材写入作品。当凯斯特纳夫妇知道后，表示坚决反对。歌德虽一再道歉，却郑重地告诉他们，他们应该为此感到骄傲和荣耀。这也许就是人们敬佩歌德，却很少崇拜他的缘故吧。人们敬佩他，因为他总是一往无前，凭借敏锐的洞察力和坚定的信心，在无人愿冒险涉足的艺术之路跋涉千山万水去诠释和塑造人类的思想。但人们却并不崇拜他，因为他对人漠不关心、毫不留情。虽然他知道自己哪里有缺陷，却并不愿花费心思关注人情世故。世界上杰出的领袖常对人们说：

"跟我来，我们一起去寻找和平与光明。"

但歌德却会说："如果愿意的话，就跟我来。"

有人对那个年代评价道，那个时代的人虽然有着强烈而迫切的渴望，但

①约翰·沃尔夫冈·冯·歌德（1749—1832），德国著名的思想家、小说家、剧作家、诗人，自然科学家、博物学家、画家，德国和欧洲最重要的作家之一。

意志却很薄弱，总会陷入悲伤不能自拔，在哈姆雷特式的忧郁中迷失自我。歌德却截然不同，从没有一位艺术家比歌德更加果敢坚决。我想其中的一个缘由就是，现代艺术很弱势，常与传统的伦理道德标准进行比照，宁愿在道德法庭审判公众，根据意志的坚强与否评判大众。布莱克的想法与众不同，他认为应根据思想和艺术的鉴赏力以及大众的品位进行评判。但这肯定也是一个误区。如果那样的话，莫不如根据身高、长相进行判别。我认为，唯一可以评判的标准是，大众是否有意识地屈从于懦弱、卑鄙、谨慎或者僵化的生活动机。这无关成功与失败，而是涉及人的行为是自由洒脱、慷慨大方，还是谨小慎微、唯唯诺诺。《福音书》对人的评判标准有两条：一是否善良；二是否会借助于他人的帮助提升自己。因此，评判的准绳似乎取决于大众的欲望，而不是他们的所作所为；取决于大众的态度，而不是他们的表现。

安慰

但这还隐藏着一个巨大的谜团。因为现实情况是，我们仍然无法满足自己的渴望。人类有两大无法推卸的责任：一是把自己奉献给创造我们的伟大而神圣的力量；二是成为上帝想让我们成为之人。所以，人类必须远离任何企图评判他人的想法——那是不可饶恕的罪过。那么，在艺术上，如果能像歌德那样为了安慰上帝和大众而把自己的现状写入作品，就已经称得上完美了。歌德唯一能深刻观察的事物就是他自己，但能如实而美妙地把自己描绘出来，就是对大众最好的安慰和鼓励。如歌德描写的事情能让大众产生共鸣，感觉自己并不孤单，感觉此时此刻、无论阴晴冷暖，在同一条道路上，还有人正与自己结伴前行，或者帮助了他人坚定地去认知自己的信念和渴望，那是他所能做到的最为美好而高尚之事。人生最大的悲剧，不是失去的痛苦，而是心中充满恐惧。当歌德说为了安慰上帝和大众时，他的话本身就代表了一种崇高。如相信上帝创造并热爱着我们，我们难道就不该与他一起，为自己的盲目，为一路上的磕磕绊绊而产生的不公、困惑和悲伤，为所有大声的指责，为所有绝望的低吟而给予同情吗？如能够再勇敢一点，再耐心一些，虔诚地信仰上帝，并恳求他人也信仰上帝，上帝难道不会获得安慰吗？在过去黑暗的几个月里，我遭受了种种折磨，偶尔心中会产生一种强烈的直觉:我所遭受的一切决不会徒劳无益、毫无意义，尽管我无法预知谁将受益或怎样受益。有一件事确实让我感觉悲伤，那就是经常回忆自己往日的悲伤，并由此对宁静而平和的生活日渐刻薄。我不会再重蹈覆辙了。我宁愿相信，付出高额的代价，就是为了换取更多的欢乐，我们并没有在偏僻的荒郊野外迷失方向，我们是友爱互助的伟大群体，一路上受到引领，走向遥远的天国之城。上帝一直给予了我们无限的温柔和伟大的真爱，虽然我们还无法体会到那深度和广度。

坐在安静的书房里写作，夜晚芬芳的空气飘入房间，四周的一切都是自己熟悉并挚爱的，让我感受到了生活的甜蜜、轻松与惬意。书籍、照片，传递给我许多美好的音讯。楼上不时传来莫德给孩子们讲故事的声音，还有孩子们热切的提问声。然而，在这平静与甜蜜之中，我却陷入孤独与苦闷，行走于绝望和背叛的边缘，不敢向周围充满爱意、善良的人们敞开心扉，唯恐他们弃我而去，或者我离他们而去，失去拥有的一切。在这一点上，我自知错得一塌糊涂。谨慎中的冷酷、悲伤中的恐惧，让我停滞不前、犹豫不决，我是多么胆小怯懦、卑鄙龌龊啊！但即使如此，我仍然对那双曾经塑造过我的双手，那叮嘱我做人的天意笃信不疑，绝不会再有其他的犹疑。

1889年6月4日

文化

文化中的阳春白雪，对富有创造精神的作品几乎毫无裨益，想到这一点就略有些伤感。的确，杰出的作家中，只有屈指可数之人受到过这种阳春白雪般高深文化的熏陶。文学作品，尤其是经典的文学作品，内容博大精深，不但能提升思想的深度，更能激活世界的热血。但如果认为大学有助于研究经典作品中所包含的高深内容，就有些自作多情了。实际情况是，受过这种高等教育的人，往往发现自己的思想反而受到了良好教育的束缚，如丁尼生所言：在如胶的大海中跋涉[①]。一部分原因在于，受过高等教育的人易屈从于权威，对所谓鲁莽放肆的新的尝试极尽鄙夷。另一部分原因在于，认为只要自己的思想稍微灵活一下，就担心会把长期读书日积月累的语言精髓用错地方，这样，思想自然受到了束缚，想当然地以为有价值的东西早已被挖掘出来，没有必要再去开发。另外还有一些个别的原因，比如，荒谬而苛刻的完美主义在作祟。经过具有悠久历史的语言浸润提炼的智力，不可能对粗陋的初级阶段的作品放任自流。而初级阶段是作家必须经历的过程，这一时期的作品像时断时续的浑浊的溪水，很难捕捉到那些抽象无形的思想，给它们下一个清晰明确的定义。

①选自《丁尼生回忆录》。

文化与想象

有创造精神的作家，必须要亲身体验，然后将体验的经历表现出来，这是培养作家的唯一方式。但这足以让他认识该选用哪个主题，并以何种语言表达出来；足以让他辨析写作主题时所遵循的基本原则，体会到简洁、优雅的表现力并非遥不可及。常年受到良好教育熏陶之人，在读万卷书之后，会对那些经典力作佩服得五体投地，自叹弗如，甚至还会产生挫败感。但对有创造力的作家而言，那些经典作品只会激发他的渴望，想用自己的语言酣畅淋漓地把自己的感悟付诸笔墨，而且他所接受的单一培养形式也赋予了他表达的技巧。接受过良好教育之人，被绚丽多彩的阳光晃得眼花缭乱，再也看不到其他的景色，只觉得太阳如一个明亮的圆盘，深深地印刻在脑海中，在自己与他物中飘荡。这种情况最好的体现在湖畔三友身上，他们是华兹华斯、骚赛和柯勒律治。三人最初都是诗人。柯勒律治从诗歌分心，开始学习玄学。我想主要原因是他沉溺于鸦片，在对自己道德上的无能进行痛苦的反思吧。他转向玄学，就是为了看看自己能否在谜一般令人困惑的生活中找到一些解决之道，但他最终却在这种哲学猜想中迷失了方向。骚赛是一位品行简朴之人，也是一位接受过良好教育的雅士。他独自端坐在宽敞的书房中，藏身于浩瀚的书海，细心而挑剔地分配着自己的时间，一边进行文学创作，一边抽身赚钱。他写出了一些作品，虽是昙花一现，但也获得了一定的声望。华兹华斯却呈现出了另一番景象。他狭小的书房里堆满了破旧的书籍，一页页的草稿杂乱地摆放着，里面夹杂了一些纸条，是他为丢失的页码重新补充上去的文稿。他孑然一人，每天为了让自己的思想和想象活跃起来，强迫自己放松下来去休息、散步。为什么只有寥寥无几少数未受过教育的人，才成为了独领风骚的作家，其缘由在于，大多数人不能在正确的地点做正确的事情。作家不可能让一切重新开始，他必须要经历思想发展的过程，循序渐进地前行。因此，作家最有力的武器就是他接受过的培养和熏陶，让他能够领悟思想的变迁与发展，辨明现存的社会问题和情感问题，然后再对它们加以阐释——作家成功的奥秘就在于此——他的思想也会因此受到触动，但还不能说是获得了新生。作家的知识储量要充足，但不必过多。他不必过分地纠缠细节，那样只会模糊自己的判断；不必过多地进行智力训练，那样只会丧失新鲜的思想。文学创作，是一次精心准备的越野竞赛，作家要清楚地知道自己这次大胆的行动所面临的困难，因为这绝不是按照规定动作进行的体操表演。要创造出标新立异的作品，必然会受到智力和体力因素的制约。大多数人的精力都花费在日常生活的追求中，因此，创造性的作品需要他们付出额外的精力。如果把精力都投入到社会职责、职业行为中，即便是阳春白雪般的思想熏陶，都会使创造性受到戕害。因此，把创造当成人生目标的人，必须坚决地限制自己的所作所为。在其他一些事情上的无为，实际上是为作家积蓄必要的力量。普通人所说的无病装病和拖沓懈怠，对于作家而言，就是必要的休整，是为了把精力更好地发挥在所选定的创作目标上。

1889年7月8日

正确的信息

今天上午，一直在看一家出版社的出版目录。这家出版社最近出版了一些老作家的作品。我想，要么有市场需求，要么就是特意为了出版这些作品。然而，谁会买成千上万册这样的作品呢？我无法想象。也许购买者是教授文学课的老师，或者是受到报告的激励而决心进行文化寻根的人们？文学积淀非常重要。在我看来，重新出版过去的作家作品不合情理。这些作品充其量只能算作二流，不过是为世界文学增加了五六部诗集而已。我们现在不是可以选择作品吗？但无论做出怎样的选择，都肯定不会去阅读这些几近被人遗忘的二流作品。当然，如果要专心研究某一特定的文学时代，某一阶段或者某一学派作家，就必须要付出大量的时间去啃噬很多本身没有多大文学价值的作品，这是一种常规做法。当有人这么做时，没有人会冒昧地点明：作品的精华被明智地忽略和搁置了。但这么做确实会让人迷失自我，丧失批判力，让优秀作品与低劣作品良莠难分。这么做，也许会在浩瀚如海的书堆中挽救了几行精彩的诗句，但现在谁又有时间为了几行情感的闪光而去耐心地把冗长呆板的诗篇读完呢？一般说来，业余写手与专业作家的区别在于，业余写手会为了几行精彩的诗句而保留整首诗，而专业作家如认为诗歌结构松散，节奏拖沓，就会毫不吝惜地把这几行精妙之处删掉。写出具有强大生命力的作品的唯一诀窍就是，保持整部作品——书籍、诗歌、散文——的精雕细作，比例适中、结构合理、浅显易懂。成为伟大作家的标准就是，既能耐着性子不断完善结构松散的作品，又能有勇气牺牲这些不合情理的章节。但现在的大部分读者都失去了理性，一味屈从，过于恭顺，往往把作品照单全收。他们有一种含糊不清的观念，认为通过学习知识可以达到某种文化水平，但知识与文化毫无关系。其实，问题的关键在于，要具备丰富的情感，敏锐的洞察力和判断力。教育的失败也在于此。现在，有能力培养具有独立人格和敏锐的鉴赏力的人可谓凤毛麟角，所以教育经常落入那些有着强烈的责任心的人手中，他们有着良好的记忆能力，认为只要向大脑灌输事实和日期就会使人受益，却忘记了或者根本就不清楚，他们内心欠缺一股炙热的火焰，这股火焰能燃烧灰烬，照亮金矿。

书的用处

年轻时常读一本叫《哈利与露丝》的书，非常枯燥、沉闷。书中有个爸爸，他心地善良、品德高尚、责任心强，总是想方设法鼓励孩子们学习知识。有一次，大家坐在马车里时，露丝开口讲了一个小女孩的故事。小女孩的名字叫姬蒂·梅普尔斯，是露丝在姑姑皮埃尔·波音特家里遇到的。大家的聊天似乎刚被一缕人性的光芒所点亮，这时，爸爸却把注意力引到了路边的一座大楼，他说："我们还是谈些实实在在的东西吧，别谈论人了。"这座大楼原本是家制糖厂，或许是某个同样无聊的场所。孩子们顿时变得沉默起来，不得不开始装腔作势地探问这个地方到底是做什么的。还有什么比这更为扫兴和无聊的吗？露丝代表着一些精力充沛、甚至有些调皮的孩子，他们总是被大人们强迫着去认识自己道德上的瑕疵。

怀着抑郁的心情回顾过去，曾有一个时代，人的本性被古板的动力学和静态学的知识无情驱逐。那时，露丝和孩子们关注的不是天真的幻想，而是枯燥的事实，如拨火棍也可以当杠杆，卷发是个理想的湿度计，等等。《哈利与露丝》讲授了许多简单质朴的美德，但这种教育所培养出来的人，思想却是冷酷坚硬、自鸣得意、自以为是的。因为肤浅与虚荣，孩子们受到了责备，他们为邪恶的骄傲所占有——自以为牢记一些事实，就拥有了骄傲的资本。那么，我到底想把自己的孩子塑造成什么样呢？我想，孩子们应该品行端庄、质朴单纯、慷慨大方、充满爱心。在智力方面，我希望孩子们待人热情、行为独立、肯于动脑、行事机灵、活泼有趣。不管孩子们怎样问我问题，我都愿意，因为这些问题都是孩子们的见识。我还想让他们善待和体恤动物与昆虫。至于书籍，我只想让孩子们听从自己的喜好，但我会在他们周围放一些精品佳作供他们选择。此外，我还希望他们有自己的思想和兴趣，并有充足的理由去解释。我不想让他们遵从我的喜好，只想让他们相信自己的选择。我根本不在乎他们到底积累了多少信息。当然，如果他们知道如何利用书籍，那就更理想了。很奇怪，教育理论怎么仍对孩子们的健康成长无动于衷。在书籍昂贵而稀缺的年代，在知识未被整理和归纳的年代，人们很大程度上依赖于自己的知识储量。但今天，如果人仍然靠事实的细节去装备记忆的仓库，书本又能起到什么作用呢？在现今的教育中，培养记忆力已经是无足轻重。记忆力准确的人，反而会因为过于相信了自己的记忆而忽视了对事实的求证。实际上，塞满了的记忆本身就是一个巨大的陷阱。如我所言，它容易诱使记忆处理者相信：知识就是文化。就人而言，拥有良好的消化能力比拥有成堆的谷物更为重要，当代人应该培养的是精神上的消化能力。

1889年7月14日

新习惯

一想到能很容易地戒掉某种习惯，并能迅速地用新习惯去替代旧习惯，就非常开心。几个月前，绝望中的我在搁置写作后，就感觉自己正远离人生中最可信赖的依靠。现在的我，已学会了沉默，学会了在沉默中接受现实。于是，那种可怕而无形的情绪，出现的次数越来越少了。我到底应该用什么代替写作这个旧习惯呢？我开始大量读书，并以此逐渐认识到了自己的浅薄。在从事写作的日子里，常常一心想的就是出版。创作之外，阅读的书目都是一些主观感受的内容，有关个人生活和经历，因为从这种书中可以体会到人物的成长过程、情感的发展脉络及心理变化。但现在，我越来越对社会心理和历史感兴趣了。在思想的地平线上空，飘荡着迷雾，当迷雾被风席卷而去之时，才意识到自己漫步的圈子是多么的狭小。有时，希望自己可以就此海阔天空地恣意翱翔。但奇怪的是，现在对此并不十分上心。此刻，感觉自己仿佛变成了植物学家，行走在茂密的丛林中，一心寻找某一稀有的矮小植物的标本，却忽略了欣赏周围茂盛的植被、美丽而肥沃的林中空地和倒伏的灌木丛。

教书

我开始定期与孩子们一起读书。之前我也这么做过，可都是三天打鱼两天晒网的，这让我心怀愧疚。而现在，我对这件事产生了浓厚的兴趣，只为了看看思想是如何敲击那些热切而天真的小脑袋瓜的。我感觉自己长期培养出来的想象力有了用武之地，它赋予了我语言天赋，让我能用惟妙惟肖的细节掩盖枯燥的故事情节，让一脸严肃的人物充满了活力。我也对孩子们有了新的认识，他们让我感到既吃惊又高兴。我也发现了孩子们所表现出来的一些品质和思维模式，但孩子们还有其他一系列的明显特点，让我至今仍陷入懵懂之中。

一般认为，孩子的性格来自父母，经历来自于环境。但远远不止这些，孩子们对创新思维有着难以想象的好奇心。最让人不可思议的是，他们对那些从遥远的生命飘荡出来的含混的记忆，也一样兴趣浓厚。他们似乎能推测出闻所未闻的事情，认识从未见过的东西，了解从未被告知的生命，这让人感到简直匪夷所思。虽然好奇心早已耗费了孩子们的大量脑力，但他们在道德方面的表现更是让人吃惊不已。他们完全可以凭借自己的本能——这种毫无经验可谈的品质——做出蔑视、恐惧、赞成、热爱等诸多的评判。

“我不知道是怎么回事，但克伦威尔[①]一定是在什么地方做错了。”

当读到英联邦史时，麦琪一脸严肃地说道。要知道，现在的孩子可都把克伦威尔当成具有正直品质和公众精神的典范。埃里克的兴趣全都放在士兵和水手身上，尤其对前人取得的辉煌的军事成就赞叹不已，可他却表态说拿破仑是个“相当普通的人”。这些想法纯粹出自孩子的头脑，因为我总是小

①奥利弗·克伦威尔（1599—1658），英国资产阶级革命家、政治家、军事家、宗教领袖。

心翼翼地不先入为主。我认为，学会建立自己的观点至关重要，这样就能在完全了解某人之前，不再贸然发出批评的声音。

教育方法

我还和他们一起做了另外一件事——一种轻松愉快并能迅速提高智力的事。当孩子们读到某一段落时，我要求他们用自己的话把它描述出来。我记不清自己在接受高深复杂的教育过程中，是否有过这样的培训。我对孩子们这样评价道：孩子们捕捉要点的能力真是快得惊人。当然，我也收到了他们积极的回应。昨天，莫德就一遍遍地对我说：

“埃里克认真地说：‘自从跟爸爸一起学习后，枯燥的课程变得异常有趣，这种乐趣是以前不曾感受过的。’”

“课程，”麦琪义愤填膺地说，“根本就不能说是上课了。”

虽然当初没有注意孩子们开始学习时的不情愿，但现在的确看到了他们不情愿——不情愿停下来。我想让孩子们学习时没有任何的压力，真的想把他们从那些愚蠢而讨厌的学习中解放出来，那种学习方式曾让我饱尝苦涩。我们一起学习了法语。自己小时候上的法语课相当恶心。当时使用的是劣质课本，上面的字迹也是脏兮兮的模糊不清，而且课本中的人物实在荒谬，竟然是熙德[①]和伏尔泰[②]作品中的查理十二世。我过去常想，把这么多丑陋无趣的句子生硬地拼凑在一起究竟价值何在。现在，我和孩子们一起阅读《苦儿流浪记》[③]和《高龙

①熙德，西班牙著名的民族英雄，他英勇善战，赢得摩尔人的尊敬，称他为“熙德”（阿拉伯语对男子的尊称）。

②伏尔泰（1694—1778），法国启蒙时代思想家、哲学家、文学家，启蒙运动公认的领袖和导师，被称为“法兰西思想之父”。

③著名法国小说家埃克多·马洛的作品。埃克多·马洛（1830—1907），擅长写情节剧小说。

巴》[1]。孩子们的法语取得了令人难以置信的进步。我们学习的流程一般是这样的：我先向他们解释生词，然后进行简单而系统的单词练习，谁最先想起学过的单词，谁就会得分。谁先得到一百分，就会有六便士的奖励。女人的天性真是可爱！麦琪的记忆力超强，经常遥遥领先，于是，她就用六便士买了礼物送给埃里克，以此安慰他那受到伤害的自尊心。他们还用法语给莫德写信，然后郑重其事地邮出去。虽然他们的法语不是很地道，但表达得却是惊人的灵活生动。孩子们会偷偷地观察莫德，看她早饭时打开信，然后向他们微笑致意。这时，我仿佛吃了蜂蜜，心中满是甜蜜。这也许不是非常值得炫耀的教育方式，但它却能完美地实现教育目的：孩子们提升了兴趣，有了学习的热情和求知的渴望，不再笼罩在枯燥乏味的阴影之下。学习中有一条颠扑不破的真理：没有愚蠢的知识，只有愚蠢的无知——不懂装懂。几天前，和孩子们一起学习时，为了表达歉意，麦琪翻译了一个法语菜谱，非常有意思，很值得一看。

孩子们缺乏知识分子的傲骨，而且没有表现出来的迹象，这让我很担忧。在教学中，我常常挑些精华部分进行讲解，而把其他枯燥单调的内容留给他们的老师。她是位善良安静的姑娘，住在村里，是前任牧师的女儿，经常早晨过来上课。我这么做，是不想让孩子们把兴趣和注意力总一成不变地放在我身上。孩子们很乖巧，但思想活跃，也非常喜欢和我在一起的时光，从未感觉到学习的枯燥。他们气馁时，我就鼓励他们。我让他们自己讲故事，做图片展示。我坐在椅子里写这本日记时，他们会坐在桌旁，描述我让他们描述的某个东西。做完后，麦琪会放下笔，满意地松口气。

“看，我写得多漂亮啊！ 但我敢说你写得更漂亮，埃里克。”

---

①普罗斯佩·梅里美的作品。梅里美（1803 – 1870），法国现实主义作家，中短篇小说大师，剧作家，历史学家。

“别打扰我，”埃里克回道，“我忙呢，别催我。”

麦琪会四下看看，发现我也在忙，就不再言语了。过了一会儿，埃里克也写完了。我就把两篇文章逐一朗读出来，认真地进行点评。我这么做的目的，就是让他们清楚地认识到对方文章的优点和不足。他们也非常乐意倾听我的点评。

多样的爱好

此外，我也没有忽视让他们锻炼身体，坚持让他们骑车、游泳。无论天气阴晴冷暖，也不管他们是浑身湿透、一身泥泞，还是疲惫不堪，他们都必须去户外锻炼。如果不能玩游戏，就做一些其他的事情，如观察植物、搜寻鸟窝、分析地形、用望远镜远眺各种鸟类、在花园中种种花草。虽然都是些不太科学系统的方法，但通过这种方式，他们能够观察、认知并爱上乡村生活。

莫德有一个强烈的愿望，想结识村里所有的村民。于是，我们就带上孩子去拜访邻居。孩子们当然满心欢喜、兴奋不已。孩子兴趣多变，我认为是很自然的事情，而且我也鼓励他们这样。我知道，传统的教科书上说，孩子们只要做事，就应该坚持到底。但我却愿意让他们有更广泛的经历，因为对他们而言，选择和放弃追求还为时过早。我宁愿他们自己发现感兴趣的事情，而不愿他们过于早熟地耐着性子做事。我唯一反对的是，孩子们重新捡起尝试过并且放弃的爱好时——我让他们承诺，一旦捡起，就不再放弃。我告诫他们：

“我不介意你们做了多少事情，但如果已经尝试过了，你们就可以放弃。但如果做事总是在变，就很糟糕，因为人不可能去做所有的事情。除非有很好的理由，认为自己能坚持到底，否则，不要重蹈覆辙。”

无论他们喜欢与否，有一件事是我必须让他们坚持去做的，那就是弹钢琴。我发现，有不少人因为初学音乐时没人强迫他们克服困难去坚持而遗憾至今。对此，我做出了唯一的一次让步，允许他们一旦学会简单的看谱演奏，掌握了和弦的基本技法，就可以停止了。对于教授地理，我有一个简单易学的办法。在我的印象中，小时候的地理课非常乏味，常常要背诵一串串的城镇、河流、山川和海洋的名字，还有一打打的进出口商品的名单，如牛皮、黄麻和各种硬件。当时不知道这些是什么东西，也没人向我解释。而现在，我们学习地理的方法是这样的：首先读一本旅游手册，根据地图选一个国家旅行。然后，我向他们描述这个国家的地形地貌、居民人口从业情况、教育情况，并向他们展示相关的图片。目前为止，只能说这种方法似乎取得了成功。此外，孩子们还要跟女老师学习算术，目的就是让他们能够快速而准确地进行运算。

宗教教育

至于宗教信仰方面，我常给他们读节选的《圣经》和“福音”故事，都是经过我的精挑细选，附有大量的图片。但这里有个令人感到头疼的地方。关于《旧约》，可以坦率地告诉孩子们，书中的很多故事都是传说，有许多夸张的地方，就像国外的传说故事一样。我向他们解释道，古时人们不懂得科学，很多当时认为可能的事情，现在才知道是不可能的；而有些很自然的事情，却经常被认为是超自然的；此外，想象和夸张总会不知不觉的依附在名人身上。孩子们非常聪明，告诉他们《圣经》都是真实的，一定会有风险，产生不必要的麻烦。孩子们会不经意地问道，“变水为酒”[①]、“五饼二鱼”[②]这样的故事是否真实。我只好坦率地回答，这些故事不可能是真实的，只不过记载这事的人信以为真，道听途说而已。孩子们领悟这些事情似乎并不是难事。但他们毕竟是孩子，我不希望他们过于浸润于基督教语言，因为对许多人来说，机械的掌握“福音”语言只会模糊和削弱其中思想的深奥和美妙。在这里，要牢记一条前人们的智慧结晶：孩子们不可能透彻地理解《圣经》。于是，我就按照宗教小说的形式处理了“福音”中的一些情节，从一个热情的旁观者的角度去讲故事。他们对这些故事兴趣浓厚，认为基督耶稣这个人物真实可信、令人敬畏。我几乎不讲授教义，只传授一些基本的概念，如基督的神性，慈父上帝，圣灵的声音[③]，等等。我相信，在孩子们的生命中，宗教应该始终是圣洁、甜蜜、富有生命力的，绝不残酷，更无关罪与罚，只存在仁爱、宽容、神圣和力量。有一件事，我想向他们说明，上帝不是我过去认为的那样，是犹太人的专属财产。他高高在上，无所不能，存在于每个种族和国家之中，领引他们走向光明。有两件事情，我不允许孩子们去探讨：人类的堕落[④]和赎罪论[⑤]。人类的堕落与真理相悖，赎罪论与正义逆行。但这有些困难，因为孩子们将听到布道，而埃里克在上学，很可能被传授教条的宗教教理。我准备在家里为他们举行入教仪式，做坚信礼[⑥]，这样最大的麻烦就可以避免了。我也毫无隐瞒地告

①据《新约》记载，基督耶稣参加一对犹太新人的婚宴时把6个石罐的水全部变为美酒，供席间客人享用。

②据《新约》记载，耶稣基督曾用五饼二鱼喂饱五千人。

③基督教认为，神向人说话有三种方式。一是神通过《圣经》向人说话；二是神通过圣灵的内里见证向人说话；神向人说话的第三种方式是圣灵在我们内里的声音。

④所谓的人类背离上帝的道德，任由自己对美色、对食物、对钱财的欲望操纵自己的行为，不断作恶，背离美德，背离上帝的教化，最终离上帝越来越远。

⑤上帝是救赎者，在《旧约·出埃及记》中，上帝将他的子民从为奴之地领出来，《新约》则表述为耶稣基督要将人从罪恶中释放出来。

⑥在一些基督教会中实行的一种增强受洗礼者信心的宗教仪式。

诉他们，即使是好人，在这些问题上的观点也不一样。奇怪的是，我虽然从小到大一直受到福音派思想的影响，但小时候接受的观念却是，教会分裂罪孽深重。为此，我不断受到困扰，时常梦见自己在散发着恐惧和邪恶的空气中，与清教徒保姆一路落荒而逃，沿途还经过了平时散步时经常见到的罗马天主教堂和卫斯理派的会堂。我问妈妈，为什么上帝不发射火弩礌石攻打这两个教堂，妈妈的回答总是让我摸不着头脑。现在，在我看来，具有这种思想，肯定背弃了基督教仁慈的本性，犯了魔鬼般的邪恶罪过，我肯定不会让孩子们再重蹈这样的覆辙了。

报春之路

与孩子们学习期间，我自己的日程也安排得日渐充实了，因为给孩子们备课就已经占据了我大部分时间。看到孩子们的兴趣、才智、洞察力不断增长，我非常高兴，感觉自己的付出获得了丰厚的回报。我下定决心，将为他们铺设一条长满报春花的成功之路。今后会有很多严格的教育，但最好开始时就让他们认为，这一切都是有趣的、快乐的，因为还有无数的艰辛和枯燥在等待着他们。

1889年6月20日

教育的目标

最近，感觉到深深的压抑，因为读了一些有关教育的书籍，听了一些教育理论家的报告，看了一些课表、课程大纲和教学计划，才让我如此闷闷不乐。我对教育不感兴趣，也不太信任一些教育理论和方法，这些东西都丧失了我们所一直寻求的教育真谛，只会在幼稚的游戏中、在程式化的过程中、在对系统知识的渴望中迷失了方向。虽然我对教学大纲等十分关注，但对它们实施的动机却感到深深地厌恶。我想，普通人认为，取得成功完善自我，赢得金钱、地位和尊重是人生的目标。而所有的这些成功，都把教育当成达到目标的手段。这也正是那些所谓的理论家们定义的教育，其目的就是培养出均衡发展的有用之人。但我却认为，这是一种错误的目标，它所认为的成功要取决于这样一种事实：任何人都没有能力依靠自己出人头地，普通人必须成为成功者的铺垫，构成成功者综合发展的物质基础，任由成功者想方设法地利用和掠夺。因此，受过良好教育的人会变得辛苦、忙碌、自满、傲慢，懂得利用自身价值，并且能够发挥自己的才干实现明确无误的目标。

我的观点却恰恰相反。教育的目标应该是，教会不成功的人们如何依然保持快乐。因为有阴影的成功是庸俗的，而庸俗正是教育所要摒弃的东西。我所渴望的是，人们应该学会欣赏美丽，在平凡的生活中找到快乐，用无忧无虑的快乐填补业余时光。就一般人所谓的教育目标而言，如果这种教育在全世界获得广泛的成功，国家制度就会崩塌，因为没有任何受过良好教育的人再愿意默默无闻地从事卑微的工作了。通常认为，教育应该使人知道不满足，让人渴望改善条件。这是一种有害无益的不良邪说。教育应该教会人们满足于简单的生活并不断完善自我，而不是教会人们想去改善生活——其目的应该是创造满足感。比如，假如——这听起来像一个荒诞故事——一个在乡下出生的人，一个属于劳动阶层的人，喜欢在田间劳作，喜欢观察大自然的种种景象，喜欢文学，为什么还要他寻求生活的改变呢？但教育往往使孩子们喜欢过精彩刺激的生活，喜欢城里丰富多彩的社交生活和娱乐方式，最终，只有那些呆板无趣、没有野心的人才会满足于生活在乡下。然而，只要生命延续、时间永恒，乡村的劳作就需要有人去做。这真是一个难解的问题。但有一些简单的事实可以证明，经过人类善意的努力，人类可以从教育的灾难中得以幸免。这些事实就是，我们绝不会让人类成为那些目光短浅的欲望的牺牲品。我们这些思想呆板、毫无灵性、胸无大志的人类，有着强大的忍耐力和持久力，即使我们想要改变这种忍耐力和持久力，也无法实现，但这种无法实现也许是件好事，因为无论课表和课程体系如何安排，人类总会默默地、大踏步地向未知的目标前进。

1889年6月28日

罗斯金主义者

一位老朋友最近一直和我们住在一起，他非常有趣。他的有趣表现在很多地方，最主要的是他身上竟融合了两种完全水火不容的性格。他从骨子里喜欢艺术，一心想成为画家。他深深地热爱大自然，热爱森林和田野，对古老而精美的建筑一往情深，看到它们遭到无情的破坏——哪怕后来得到修复——就痛苦不堪。他对每一朵花儿都拥有诗人般的热爱，一走进花园，他会感觉无比幸福；另一方面，他却表现出成熟而强烈的清教徒的美德，生活简朴，挚爱工作，忠于职责。他是一名生活严谨的法官，同他相处，就会感觉得到他偶尔流露出的清高之人对卑鄙、自私和软弱惯有的蔑视。从本性上讲，他是位纯粹的罗斯金主义者，想要摧毁铁路、机器和工厂，让劳动者享受工作的快乐，使他们夜晚能在乡村的绿地上纵情唱歌跳舞。他不追求时尚，却能从最简朴的生活中获得快乐和健康。随着年龄的增长，他变得越发严肃，但对大自然的热爱与日俱增。他似乎已到人生暮年，变得更有耐心，更加优雅，更有温情，更加心境平和。他的忠于职守与优雅风度使他清秀的面庞更充满魅力。

隐私

一天晚上，我们谈到了最近出版的一本书。这本书是由一封封信件组成的，字里行间交织着悲伤与美丽，理智与温情。作者是位女士，她具有深刻的洞察力、卓越的才智和强烈的爱心。她的孩子在她去世不久将这本书出版。我发现，我的这位朋友读这本书时情绪激动，坚决认为它无论如何不该在她刚刚去世就发表出来。我向来赞同他的判断，更尊重他的品位，因此就把书重读了一遍，看看自己是否会改变观点。我发现自己的感受与他截然相反。我深深地感激孩子把这些信献给世界。当然，如果作者知道这些信会发表出来，她一定会变得非常保守。可实际上，在书中她完全敞开心扉，坦诚地讲述了自己内心的想法。想起自己不止一次见过她，原本以为她是位冷淡生硬之人，根本就不值得同情，但现在我心情非常复杂。她所爱之人都先后离世，让她不得不承受沉重的丧亲之痛。她在痛苦与困惑中获得启示，带着崇高与挚爱听从生命的安排。在我看来，这一切就是一次次神圣而深切的再生的体验。她感受到的种种悲痛、叛逆、激愤可谓痛苦缠身，但痛苦没有烤焦她，没有冻僵她，没有让她魂不守舍，神志失常，更没有让她变得冷漠无情。虽然失去所爱之人的悲伤没有淡去，创口仍在流血，但她的爱意也随之流淌而出，比以前更为充溢，更加充满温情。她甚至没有逃避让她想起亲人的房屋和地方，没有逃避现实的生活，更没有故意夸耀悲伤。自始至终，她表现得都非常自然，非常忍耐，非常忘我，用难以想象的崇高精神充分展示了人性的光辉，用勇气和温情承受了难以忍受的灾难和苦痛。我认为，活下来的人能让这些信件供他人阅读，是他们所做的最为明智和勇敢的选择。

书的生命力

我们英国人向来愿保守自己情感的秘密，对错事固执的沉默不语，对礼貌却有着荒谬而愚蠢的执着，所以，能看到这样一颗纯洁、坚忍、奉献的心，我心中充满无限感激。在我看来，世界上最值得了解的事，就是他人对人生经历的感悟。为世界做出过贡献的作家，都是深入到人内心深处之人。在本应该可以给予他人帮助，满足他人最急迫需求的时候，却在戏中、诗中或小说中把自己心灵的秘密伪装了起来，这种世俗思想，最是令人感觉索然无趣。但如果直截了当地亲口说出，人们就会立即指责他过于自我，缺乏教养。这不是因为英国人厌恶情感和感受。我们同任何国家的人一样珍视这些，但却认为它们该以某种象征性的手法、委婉地表达出来。如果给自己取个笔名，或以第三者的口吻写出自己的经历，人们是不会认为他是在自我表现。但如果使用第一人称，就会被认为不知廉耻。有些人甚至认为，说“有人认为或有人感到”比“我认为或我感到”更为得体。与人交谈中，最渴望的就是对方能坦率地谈论自己，谈论自己的希望和恐惧、信仰和疑虑。然而又有多少人能做到呢？我们英国人的腼腆，还表现在经常对自己所说的话莫名其妙地小心翼翼，而对自己所写的文字却完全不加掩饰。唯有自由而坦率地揭示人性的书籍，才具有长久的生命力。当然，幸好还有一两个像莎士比亚那样的作家，似乎具有超凡脱俗的穿透人性的能力。除此之外，在一直供人阅读的书籍中，都似乎有一个灵魂在紧握着双手。

书的隐私问题

我向朋友坦诚地说出了自己的想法，他的回答是，也许我是对的，但他不会改变自己的观点：直到书中所有涉及的人都去世，他才愿意让书出版发行。他认为，良好的动机并不会激励那些喜欢这本书的人。他只有一个希望，就是在不侵犯隐私的情况下，恰如其分地透视人性。如果可能，他愿意阻止这些家书的出版，因为即使人们喜欢它们，读这些信也毫无裨益。他说，读这些信时就好像透过锁眼或窗户偷窥，看到了父子之间、母子之间的亲昵行为。我说，在我看来，关键是被偷看的人是否意识到自己被偷看，而且把这些亲昵行为在书中揭示出来与在小说中描绘出来，或在舞台上表演出来就没什么不妥。另外，我还认为，在书中描写出来，似乎就是一种完美的妥协。我强烈地感受到，每个家庭、每个圈子都有保护自己隐私的权利，但我并不为自己自然流露出来的情感和爱意感到羞愧。让这些情感在书中再现，只不过是以简单质朴的方式向那些深有同感之人的一种表达而已。我渴望与所有富有同情心和感同身受之人进行交流，但因时间、地点或条件的限制，真正能够交流的朋友实在少之又少。人们谈论书时的样子，好像每个人都是被迫而为。我对书的看法是，书提供了一种媒介，通过书，人们可以与那些也许从未谋面的人或者那些很高兴自己仍然健康的人，交流隐秘的思想；现实中的人的身体状况、生活方式、缄默的态度或习惯都会竖起一道屏障，阻碍交流，但通过书，就可以与那些情趣相投的人交上朋友；通过书，比通过交谈，更容易爱上和读懂写书之人，因为在书中，他们记录了自己最为精华、真实、深刻的思想。而在交谈中，人们会受到无数偶然与情绪的影响。过去，有人反对出版布朗宁的情书。我认为，布朗宁的情书是伟大圣洁而充满激情的两颗心灵之间交流的记录，无比神圣而美丽。有人认为，他的情书有些做作，违背常理，甚至有些不知廉耻。但无数人受到了这情书丰富给养慷慨的滋润，也因此对美丽的爱情充满坚定的信念。因此，我要不遗余力地蔑视和谴责那些鄙视布朗宁情书的人。我认为，人生与思想，仁爱与善行的整个过程，都取决于相互间的理解与信任。而有些人所期望的那种人与人之间的隔离，真的是来自于一种野性和兽性的遗传。文明的结晶，诞生于善良而可敬的灵魂所给予的慷慨的自我启示。所以，我不禁好奇，当事人是喜欢还是憎恨这些家书的发表。就我看来，毫无疑问，她一定非常喜欢的。因为这样，我才有幸拜读这本书，并深深地爱上了它。

对此，有些人会不以为然，而有些人更会表现出粗俗的猎奇心理。但我想，理解之人都不会在这些情深意切之人的快乐天平上引起丝毫的摇摆。在接近他人的过程中，如果表现出来愚蠢而生硬的态度，即使是表面的，也会令人感到隔膜，并因此拒绝接近，这是生活中最难令人感到满意的地方。如果认识并崇拜一个伟大而高尚之人，想成为他推心置腹的朋友，就应该把自己所知道的一切都告知他，这是一项庄严的职责。对那些毫无同情心的冷漠之人，不必理会他们的冷言冷语，但应让自己的决定首先得到所有充满爱心的宽厚人士的赞同。我认为，这是艺术所能给予的最崇高的服务。如果有人认为，发表诸如此类的家信无关艺术，我的回答是，这些家信本身就是最高贵、最能反映人性的艺术作品了。因为在这里，大千世界，亲情与真爱，失去与悲伤，痛苦与折磨，都被一位具有超凡感知能力之人细腻地描绘、表达出来。描绘和表达情感的那一刻，也是感受神奇的艺术之美的时刻。在这一时刻，情感从古板的旧俗和庸俗的礼教中脱笼而出，飞向更为清新、自由的天空。国外有一些更低俗的窥探隐私现象的存在，对此我不否认，但这已无关紧要。就我自身而言，能看见我们正向着更坦诚的方向迈进，就已心满意足。这并不意味着如果自己愿意，在自己的家中，在自己生活的圈子，就无须拥有保护隐私的权利。生活本身就是简单、宽厚、勇敢的，我欢迎生活中泛起的涟漪和播撒的光芒，它们能把光明和芬芳传递到更加残酷和丑陋的世界。

1889年7月1日

情绪

刚刚读到了一个有趣的句子，不知道它的出处，是在一本书的摘录中读到的。

“我越来越确信，所有的坚强都会表现出其柔弱之处，所以治疗伤感的良方不是拒绝感受伤感，而是要感受更多的伤感。”

在我看来，这体现了真正与虚假的苦行主义者的本质区别。虚假的苦行主义者抛弃自己的恐惧；而真正的苦行主义者利用自己的恐惧，让它为人服务。一个是掏空，一个是填满；一个是剥离，一个是聚集。这句话道出了许多真知灼见，说得也很无畏大胆。但这句话忽略了人类的品格，忽略了人类的意志和决心。笔者所推行的方法，是坚强之人本能采取的方法，它让人通过自然而然的方式度过情感危机健康成长。但劝说一个人去感受更多的伤感，如同劝说一个人变得聪明、仁慈、理智一样，正是人类自身无法自然而然完成的任务。情感与考试不同，考试通过即可毕业，而情感形形色色，变化万千，表现了人的喜怒哀乐。多愁善感之人，感受到的只能是伤感，无法再进一步，怎能指望他们获得生命的活力和宽阔的胸怀呢？当既没有活力，也没有肚量之时，怎能指望他们表现出活力和肚量呢？所以，我认为这句话所倡导的方法，绝不可行。当然，我们可以采取某些措施去抑制某种情绪，但你却不能加深这种情绪。笔者所说的虚假的苦行主义，才是唯一美好而安全的避难所，为那些很了解自己，知道自己不可信赖的人提供栖身之所。以人际关系为例，因某人魅力出众，就很容易产生微妙的情愫。这时，需要清楚地看到，这种情感全因对方的魅力所致，根本不可能发展成为真正的感情。我想，最好努力让自己悬崖勒马，而不是怀揣微茫的希望去接受这种暧昧，幻想暧昧可以演变成真情。性格坚强之人，可以进行一番尝试，但切勿惹火烧身。性格懦弱之人，最好根本不要去趟这浑水，因为它会让你陷入凄婉哀切、不能自拔的境地。我足够坚强，厌恶伤感，但我坚强得还不够，不能让朝气蓬勃的生活冲淡忧伤。此外，性格坚强的人，践行苦行主义还存在一种风险，很容易堕落成一个像歌德那样的人，到处采摘芬芳四溢的鲜花，在尽情享受芬芳之后，就无情地把它们抛弃。如果后面没有一颗理智而温柔的心，那绝对是一种残忍的行为。

再回到原来的话题。如果接受这句话的建议，我也不敢保证它的对错，因为它使原本自然而然的事情带上了忧伤、诡辩、伦理的色彩。道德说教者认为，应把完美和圆满设定为生活的目标。我批驳他们的观点，也因此遭到了批驳。我认为，这不是生命的真谛，生命的真谛与之恰恰相反。当然要不遗余力地去抵制那些低级庸俗、纵情声色的诱惑。但另一方面，我也相信，人也可在纵情享受之后把握住纯洁和美丽。如果伤感是人类最脆弱的情感，最好满怀感激地去接受它。道德上的谨慎，总让我们左右权衡，我们揠苗助长去观察它们的生长，结果反而往往会适得其反，造成了阻碍。当然，任何原理都可以为诡辩所用。很多的偶像崇拜，不是因为真相信有上帝，而是因为相信冥冥之中存在某些规律和道理。如果不过于小心谨慎，精打细敲，生活会变得更加丰润和自由。的确，人必须追随自己拥有的灯光，但所有的灯光都是由上帝点亮。如果过于迫切地观看说教者的灯火，就会忘记天空闪烁的星光。

1889年7月8日

社交

我常在痛苦的梦魇中迷失自我，总是想到如此众多的贫苦之人所处的肮脏、龌龊的境况。不是说置身于这种境况，就不能过上简朴、美好而体面的生活，在我看来，完全有这种可能，关键在于人。只有那些集美德、勤勉、理智、谨慎——最重要的是——健康于一身、性格坚强的人，才可以过上这种生活。一定会有无数生命，本可以在安逸之中过上简单、快乐而高尚的生活，而不会受到环境的玷污而降低生命质量。然而，那些过着这种生活的幸运之人该做些什么呢？如果明天所有富有的英国人放弃自己的财富为他人所用，只保留少量维持生计的必要家当，那么，即使这些财富没有得到理智的使用，贫苦人的生活也会得到改善。但如果平均分配财富，就不会产生任何积极的效果。最糟糕的是，这样做不会增加由物质条件衍生的安全感，也不会解决关键性的问题，即思想和情感的色彩与质量，而这是改善贫苦人生活的唯一希望所在，也是社会罪恶的根源。此外，真正的难点不是看到这个受到压迫的阶级需要什么，而是他们真正需要什么。对此，我们既不必长篇大论，也不必为它提供治愈邪恶的万能药方。必须知道的是，那些隐藏在汹涌的生活浪潮中，因其不满、为其所苦的人到底需要什么。在搭建跨越险滩的桥梁之前，不必勾画一个远在对岸的天堂。人们真正需要的是，在对岸的黑暗之中，有人勇敢而清晰地喊出他们的主张，喊出他们的诉求。让绝望的呼救声在耳畔响起，还远远不够，人们需要的是像哲学家或政治家那样发出大声的呐喊——这才是人们无法获得的实质性的东西。也许教育才是解决之路。但当前的教育却成为了引向深渊的阶梯，只有少数精英才能攀登上来，而且他们心中也留下了难言的恐惧与蔑视。我们必须直面的问题是，如果所有的人都品行端正，是否有那么多实实在在的工作供人去做？目前的答案是否定的，因为并不是所有的人都能胜任工作，所以弱者只好把机会拱手让给了强者，这似乎是唯一的解决办法。再细想一下，那些不知很好地利用闲暇的人创造出更多的闲暇，用意何在呢？现在，不适者生存似乎为王道。这些不适者的繁衍最为随意，最不计后果，为了人类文明的发展，不让他们继续一代一代地繁衍下去似乎为良策。但这是个非常复杂的问题，需要变革者拥有强大的信念，栽种上可能不会收获的种子。在这种情况下，往往需要培养一些踌躇满志、豪情万丈的预言者，当人们想要审慎地预测未来时，能及时地对那些模糊且遥远的事情做出判断。像我这样的人，喜欢悠闲、舒适、惬意而平和的生活，希望所有人与自己一样机会均等，并常常为这个含糊而友善的希望所激励。而现在，我只知伤感，再不可能有进一步的作为。我意识到这个问题，为之悲伤，感觉对上帝的信仰在它的重压下也开始摇晃，但仅是摇晃而已。

1889年7月15日

成长

人类的自我完善能力有限，这是一个严峻的现实，也许是世界上最难面对的问题。人的品格大致分为三类：有些饱满丰润，可以培养；有些可塑基因数量微乎其微，难以培养；再有一些根本就找不到培养细胞。从整体上讲，由于受到了生命力的制约，人类的培养能力有限，而且必须要面对如果培养了一类品格，必须忽视另一类品格的现实。解释这一问题，我所想到的最形象的例子，就是泡芙球的生长过程。在一个盒子里装了一半多的泡芙球，每个泡芙球都有生命。有些泡芙球又小又硬，没有繁殖能力；有些又软又大，繁殖能力强；有些在适宜的温度和光线下，生长快速；有些则在寒冷和黑暗中，生长得较快。泡芙球的生长过程是这样的：泡芙球逐渐变大，在每个可能的缝隙中不断扩张自己，并慢慢包围其他的泡芙球。但由于受到盒子大小的制约，整个机体不能无限扩张下去。当泡芙球充满整个盒子时，它的生长也到此为止。这个比喻所要说明的就是，盒子里的泡芙球就是我们充满潜力的品格。品格的培养需要一些条件，如生活状态、健康状况、收入水平、教育程度以及交往的人群，而且品格本身也具有局限性。两种性格截然不同的人，即使受到相同条件的影响，产生的最终结果也会截然不同。比如一个置身于适宜的环境中，而另一个处于不利的条件中，最终，一个会培养出独立的人格，而另一个却会变得道德败坏。有些人成长得早，但如果对他人的建议和影响无动于衷，反而会停滞不前；而有些人却仍能一直成长下去，直至生命的终结。如果培养了一种品质，如智力或艺术品质，就很有可能在情感或道德上出现欠缺。在审视这一培养过程时，具有强烈感知力的人所感受的痛苦往往也更强烈。他会发现，自己欠缺某些品质，却无力弥补；自己犯了明显甚至严重的错误，却无法矫正。对于我们任何一个人，唯一的希望，就是不要过于探究品格的扩展能力，也不要计较盒子的大小。这样，就能合情合理地进行尝试和幻想。只要做到这一点，就有了成长的空间，因此必须好好牢记在心。笼罩在头上最大的阴影，莫过于发现在品格培养的过程中，冷漠的情感也悄悄潜入。冷漠，让我们把错误当做本性的一部分坦然接受，不再关心那些似乎难以实现的目标了。这是一种宿命理论，导致了一种软性的无为。解决的关键是看这种理论是否真实，是否经历了检验。让人变得更宽厚、热情，是一种自我完善，它的实现不是通过无视现实，而是通过面对现实，并最大可能地利用现实。因此，必须毅然决然地服从于有利于成长的环境和肥沃的土壤。此外，为了那些自己应当负起责任的人们，我们必须付出得更多。就拿我的两个孩子来说，我的一个愿望，就是尽可能让他们接受最好的教育。即使他们犯了错误，我也毫不在意。因为错误检测不到孩子们品质的扩展能力，却可以发现培养他们能力的最佳条件，值得倍加珍惜。过分溺爱孩子，会让他们只关注自己，认为所有的困难都会有人为他们解决。在一些心胸开阔的孩子身上，溺爱可能会得到积极的回应，获得感谢和真爱，也满足了那些爱孩子的梦想。最麻烦的就是那些天生就有魅力，却没有真爱之人，他们就是所谓的“惯坏了的孩子”。因为相信外在品质比相信内在品质要容易得多，所以就会经常见到一些孩子，虽然内心情感丰富，却无法恰当地表达出来。当然，身教胜于言传。如果父母都不具有高尚的品格和爱心，即使他们万分焦急，真心希望孩子成为品德高尚之人，又怎能激发孩子的高尚品格和爱心呢？所以，笼罩在父母头上最大的阴影，就是担心自己的软弱和空虚会暴露出来，让孩子们感到失落，怕扭曲了他们的性格。这种担心需格外警觉，因为它还增加了自己所要承受的压力。这真是一种进退维谷的艰难抉择。因此，为了一个高尚而无私的目的进行的身教，并不一定比以一种自然、宽容和美好的心态、毫无动机而言进行的身教更具潜力。

1889年7月18日

弗朗西斯·威利特

突然听到噩耗，我的一位老朋友弗朗西斯·威利特去世了。他是位颇有成就的作家，我们最初是在伦敦认识的。他又高又瘦，皮肤黝黑，如果不是一副心事重重的样子，也算得上英俊潇洒。人们觉得他可怜，常在背后谈论他。我对他的生活背景一无所知，觉得他一定小有财富，因为他住在摄政公园[1]附近，虽然房子有点偏僻。偶尔在伦敦相遇，他几乎总是独自一人，走得飞快。聚会中很少碰见他，即使见到，他也是一副落寂无聊的表情，好像自己与周围格格不入似的。他发表大量的著书评论，我想，一定是在想方设法地靠自己的笔维持生计的产物吧。他曾说过，他很幸福，不需要写作就能生活下去，但想要购买奢侈品，就另当别论了。他发表过两三本小说、游记和随笔，虽无大的销量，但也为他在文学圈赢得了一些声望。我是逐渐与他成为朋友的。我们在同一家俱乐部，他有时像一只害羞的大蛾子，匆匆闯进我的家门，却从未邀请我去他家。他在牛津大学时就非常出色，也雄心勃勃。但他身体一直较弱，为人极其敏感，对工作质量也非常挑剔。我是在一次他托付给我看一部手稿时，意识到这些的。他问我是否可以给他提些意见，因

①在英国伦敦，是仅次于海德公园的第二大公园。于1838年向公众开放，内有若干园中园，如著名的玫瑰园——玛丽皇后园等。

为这是一次新的尝试，他对自己的功底还不太有把握。他说不急，我就把手稿放在了文件箱中。因为手头有紧急的工作，随后，我就把这件事忙忘了。他从未向我索要过手稿，我也碰巧再未打开过文件箱。几个月后，我偶然间发现了手稿，就通篇读了一遍，感觉这是一部精品佳作。于是给他写信，为自己耽搁了这么长时间道歉，并热情地称赞了作品。同时，也提出了一些意见，说这部作品的篇幅有些尴尬，说它长，它又不太长，没法变成一部小说，但与其他作品放在一本书里，又略长了些。他立刻回信，感谢我提的意见。后来，偶然问到他怎么处理那部书稿时，他回答说已经把它给撕了。我对此深表遗憾，而他却笑着说，决定毁掉它是一时的冲动，很愚蠢。

“实际上，”他说，“你已对它给出了善意的评价，但因为放在你手上的时间太长，我以为你不感兴趣呢——这真没有关系了。”

他补充道：“我也不认为它非常成功。”

我诚恳地道了歉并解释了缘由。

“噢，请不要为此责备自己。”他说，“我心中真的没有一丝憎恨的阴影，是我自己的作品出了问题，人们才不感兴趣的。我想，这才是我耿耿于怀的真正原因。”

后来，我们之间进行过一次有趣的交谈，他讲了许多自己的事情，这在以前是绝无仅有的，而且以后也未发生过。他承认自己对工作过于挑剔，书桌里装满了未完的书稿。他的写作过程通常是这样的：最初构思全篇时是满腔热情，开始创作后热血沸腾。“然后就走了样，”他说，“干劲没了，动机变得微妙复杂起来，小说就迷失了方向。然后就事事不顺，最终变成了一团乱麻，我就放弃了。如果按一条明确而强烈的情感线索走下去，就会平安无事。但我就像故事中的人物，总是朝三暮四，想用牛换马，用马换猪，用猪换磨石，而磨石最后滚进了河里。”

他似乎总能以哲学的视角看待一切，我冒昧地说出了这个观点。

“是的，”他答道，“我终于明白，这就是我创作的方式。过去我饱尝了许多痛苦，都是来自于自己的失落和厌恶——我接触的每件事都是这样，完成的每部作品都是匆匆而就——如果自己的热情再持续长一点，就好了——只有那么一两次是刚刚好的。”

“我像一个游泳的人，”他接着说，“只能游一定的距离。如果判断准确，本可以游到自己想去的地方。但却常常判断错误，游到一半时就被恐惧紧紧攥住，不得不拼命挣扎着往回游。”

有时，世界上的事情巧得不能再巧。几天后，与一位不知名的邻居T夫人共进午餐，恰巧提到了威利特的名字。

“你认识他？”她吃惊地问。

“噢，当然，你认识他的。”她接着说：“你就是威利特跟我提过的那位先生。”

这时，我才知道她是威利特的一位远亲，她向我讲述了许多威利特的故事。威利特绝对是世界上最孤独的人，从小就成了一个孤儿，与他一起度过假期的不是他的监护人和邻居，就是某个可怜他的人。

“他是个聪明的孩子，”她说，“有点怯懦和忧郁，总担心人们不喜欢他。他的表现总是像一个努力在寻找着什么，却不能确定在哪里可以找到的人。牛津，是他成长最快乐的时期，他表现出色，还交了朋友。后来他回到了伦敦，开始从事创作，但他真正的人生悲剧也正从这里开始。”

她说：“他深深地迷恋上了一个女孩，女孩长得漂亮，志趣高雅。女孩从内心里同情他，也喜欢上了他。转眼之间，五年过去了。如果他求婚，女孩会立刻答应嫁给他，但他没有。我想，他是无法面对结婚这件事吧。他似乎总想启口向女孩求婚，却总在最后一刻丧失了勇气。终于，女孩厌倦了这种等待，投入了他人的怀抱。即便如此，女孩仍对他很好，从未对他失去耐心。终于有一天，女孩告诉他，自己要结婚了，希望他们成为永远的朋友。想必你也知道，这对他与其说是一种痛苦，不如说是一种解脱。我竭尽全力去安慰他——但婚姻是他唯一想要的东西。如果当时有人在后面推他一下，他肯定会成为一个理想丈夫的。他永远不忍心让任何依赖他的人失望，可我知道，他的内心一定非常痛苦。虽然有了计划，但如果发现要付出昂贵的代价，他就会想出各种理由阻止这个计划——这些理由绝不是出于私心。于是，他就会反思，认为自己无法为他人提供帮助。他总是情不自禁地为那些关心他的人着想，却从未真正为自己想过。如果为自己着想，也会找出各种冠冕堂皇的理由劝说自己不要这么做。假如他再自私一些，也许就万事大吉了。”

T夫人笑着说：“他是唯一一位可以坦诚面对的人。要是再世俗一些，他就会快乐得多。”

从那以后，我经常见到威利特，对他的兴趣也日益浓厚起来。我在他身上验证了T夫人的判断，果真丝毫不差。我想，他缺乏的是活力。但越了解他，越会对他产生敬佩之情。他是个极其精致的人，感情外露，富有爱心和幽默感——但最令人感到不安的是，他彻底看透了自己，已经无药可救了。他有理想，但不会为实现理想而做出牺牲。他不会与常人一样利用自己的权力。我想，他强烈地渴望拥有自信和爱情，但却永远认为自己不值得拥有这些。他单纯，能吃苦，他的忠诚天地可鉴，对人有着真实的评判。他似乎总因自己存在的缺陷而在羞耻中勤勉劳作，认为自己在世界上没有索要任何主张的权利。他生活在痛苦中。只要他人稍微表现出不满，他心中立刻会产生阴影，迫使他放弃任何想法，不是充满怨恨地放弃，而是积极热切地放弃，就好像完全清楚自己的无能似的。我日渐喜欢上了他，尝试了许多方法鼓励他，帮助他，但他总是不以为然。试图帮助一个不想得到帮助的人，真是一件很尴尬的事情。他似乎一直在锻炼自己的耐性。他的这种态度，惭愧地说，过去令我大为恼火，因为这就像本来可以确保自己的成功，却宁愿浪费才华，死心塌地去接受失败。几周前，他和我见了一次面。我上城里，与他约好一起吃饭。用他惯有的温情哲学，他告诉我一件事情，却让我血脉贲张。一家出版商邀请他写部书，还为他拟好了大纲。

“我感到欣喜若狂，”他说道，“因为它提供给我自己无法创造的灵感。我的书稿写得相当不错，但几周前寄给出版商时，他却把书稿打了回来，说这根本不是他想要的东西，建议我保留三分之一的内容，然后重写。我对此无可奈何。”

“你怎么办了？”我问道。

“哦，我把书稿烧了。”

“你连出版商都没有见过，”我说，“或许还可以做些其他的事情——至少可以要到稿费呀！”

“噢，不，”他说，“我不能那么做——那人也许是对的——他要的是一部特别的书，而我写的不是他想要的。我确实说过，希望他给我解释清楚他到底想要什么——但这一切已无所谓了。要是我再仔细一些，就不会出问题了。”

“好吧，”我说，“你真是无药可救了。要是我的书不能发表，我起码要吵上一架——怎么也得把稿费钱花在骂人发泄上吧。”

威利特笑了。

“那一定很开心，”他说，“但这不是我的风格。我以前告诉过你，我不招人待见——但不都是我的错。”

我们一直聊了很晚。这是他人生中唯一一次与我推心置腹地聊天，让我没有想到。这说明他很看重我们的友谊，也对我的同情心存感激。

然而今天早晨，他的噩耗却突然传来。被发现时，他在自己的房间里，趴伏在书稿之上。很可能像以往一样，他工作到很晚，心脏病突发。检验报告也证实，他已经患了很长时间的心脏病，而他自己却不知道。这也许就是他失败人生的最好注脚——如果可以称之为失败的话。我的心中涌起难以抑制的悲伤，不禁又回想起他孤独而清苦的一生，想起他的清高和敏感。然而，我并不认为他的人生是可悲的，因为在我看来，他的一生似乎是我所见过的最美丽的人生。他未为他人贡献很多，自己也是一无所成，但正是这种残忍而可悲的人生衡量标准：以贡献和成功评判人生，才让人为威利特的人生嗟叹不已，甚至情不自禁地对人生的真正意义感到困惑。我所认识的男男女女——说这话时有些难过，但我说的是真话——在我看来，就本质而言，让世界比他们看到时变得更糟糕了。孩提时代，人天真、积极、热情、美好，而且充满幻想——虽然就我的经历来说，我承认人的确会遇到过一些像鲜花盛开时那样美丽灿烂的心灵，但大多数的心灵枯燥乏味，贪婪庸俗——但随着年龄的增长，也滋长了对情感和品德的蔑视心理——认为和蔼可亲、善良无私是一种软弱。他们迷恋金钱、地位、自尊和舒适的生活，认为这才是人生真正的重心。对他们而言，情感不过是一种放松形式而已。但对威利特而言，一切都恰恰相反。他从未为自己索取过什么，从未牺牲他人为自己换取过某种利益。他极其谦卑、温顺、低调、和善、真诚。一小时前，我本该称他为“可怜的家伙”，还希望他有一个更富活力的肌体。但现在，我知道他已走了，再也无法希望他拥有什么了。在我看来，他的一生灿烂而芬芳，从未因发达或成功招来一丝的鄙夷，从未变得冷漠或残忍。鉴于他人生最后一程的表现，这样的终点似乎合情合理。随他一起走的，还有那鲜活而充实的希望，装满了五彩缤纷的祝福和荣耀。我想，他不会称自己为基督徒，只会说自己还没有达到那一高度，因为那是至高无上的信仰，是希望的寄托。他的所言所思，一直萦绕在我心头，发出甜蜜而温柔的回响。他说，耶稣描绘出来了那些距离上帝的心最近之人的温情，然后把温情送给了那些想要去见上帝的人。

1889年7月28日

公立学校

现在，我身心已经恢复过来，虽然缓慢一点，但还是很有成效。我已放弃所有写作的念头，不再绞尽脑汁构思情节或场景。当然，我还记笔记，都是关于身边的一些题外话，偶尔也记下一两个创意，但感觉自己已完全不把这一切放在心上了。在此期间，有关书的来信，编辑的邀请，出版商的订单，纷至沓来。我都一一礼貌地给予回复，但并不许下任何的承诺。我似乎已恢复了平和的状态，不再挂念身体的不适，神经也不再痛得令我心有余悸。每天，都有做不完的事情，也许对孩子们的教育实验的新鲜感消退时，我又会重新开始提笔创作。一两年后，埃里克要上学了，最初想找家日校，而不是公立学校。对于公立学校，我深感担忧，主要对于学校风气和道德水准的恐惧。但对埃里克，我并不担心这些。他理智，独立，也不缺乏宁受嘲弄也不做坏事的勇气。充满活力的军营生活，对男孩很有好处，让他们学会互相迁就，保持了人与人之间的平等，孩子们不再矫情，拥有了男子汉气概，但学校的学术风气较差，陈规旧俗依然较盛。我不想让埃里克成为一个过于传统的人，但我想让他顺其自然地接受世态炎凉的风气。我对那些公立学校的孩子心存畏惧，他们具有幽默感、同情心，喜欢动脑，有艺术细胞，但也爱情绪化，靠游戏填补业余时间，喜欢空谈和妄想。他们的生活方式足够健康，可以成为合格的士兵、称职的官员、有良心的商人。但可悲的是，他们太容易自我满足，太过于自鸣得意。公立学校培养的是循规蹈矩型的学生，而我想要埃里克成为民主开放型的公民。可是，把孩子放在公立学校进行的教育实验还得继续下去，因为如果没有在这里接受过日常行为礼貌方面的教育，在生活中就会处处捉襟见肘。我必须让自己生活的另一面活跃起来，这一直是我的愿望。

虽然现在是重新出山、再树声望的时候，但我对自己目前的家庭生活已非常知足，就把提供给我的机会都转手让了出去。另外，现在也算是文学史上的一段重要时刻，许多作家都已竞相粉墨登场，可换来的却是粉身碎骨的下场。因为在取得一定声望之后，他们突然发现，自己已经绕过了神秘莫测的羊肠小径，成为了公众人物。于是，就走进社会，到处发表演讲，评头论足，用不同的方式抽干自己的精髓，榨干自己的创造力。我非常赞成罗斯金的观点：艺术家的责任，就是在让自己适应最理想的社会之后，再抽身而退。幸运的是，我对这些出风头的事情没有任何兴趣，只会从人类最简单的享受中获得满足感。这种满足感，自然而然，难以避免，但我不会过分地看重它。我不喜欢它的惩罚，要远远超出喜欢它的回报。

人生之课

我们来到这个世界，是为了品味生活，生活才是我们必经的车站。工作是生活的一部分，也许是生活的精华。但沉溺于工作，就像一个人总在收集标本，永远没有时间对标本进行整理。听说有一个人，很小的时候就立志要写一部政治制度史。他藏书丰富，可以全身心地投入研究。读书时，他就把小纸条放进书里，标记要查阅的段落、章节。每读完一本书，就把这本书放在书架的某一位置，却从没做过其他的注释和说明——他记忆力惊人，完全清楚这些标注的含义。他的求知生涯，无聊的就像奶酪中的虫子，直到生命的终结。他的所有藏书，都卖给了别人，而这些标注对其他人却毫无意义，买书人只是把这些标注抽出来、扔掉，这也是这部政治制度史的最终结局。除工作之外，我认为，人生最终应该给出某种解决方案，得出某个结论，供人们反思，建立理论。我们也许不会接近人生的奥秘，但我们的唯一希望就是，通过这么做——将来还要这么做——至少可以证明，我们一直在不断尝试。这样，就可以从幻想中解放出来。我一直在花费时间描绘浪漫、构思情节、策划人生，而真正的生活不是这样，它与我们惯常的经营方式不同，不能用单一的体力、情感、社会甚至道德进行经营，它是无数力量的汇聚，也许是同一股力量运行在不同复杂路径之中。奇怪的是，我们人类竟然想带着顽固的成见，不自觉地闯入生活，试图对生活指手画脚。幸福，取决于我们自身与生活的和谐，或许还取决于学会与生活达成和谐。但生活却令人感到困惑，它不断地抵制、背弃、反对着我们，有时甚至会碾碎我们，直至生命的终点。但我相信，生活的本意是善良的，即使不相信，也必须默默承受。有一件事是确定的，我们无法通过冷淡也不能通过自暴自弃，学会人生的课程；但要坚信：痛苦终有回报，错误使人警醒，罪过别具深意，悲伤也有仁慈，才有希望获得最终的成功。而我们当中的每个人，却一直在依赖于无效的防守，用异想天开娱乐自己，竭尽所能去忽视严峻的现实。面对种种人生经历，不愿倾听，不停地游移着自己的目光，像孩子一样退缩、哭叫，而人生，正用仁爱引导我们，微笑着把我们拉近恐惧，让我们从中获取生气，让我们无限受益。我们祈求勇气，我们内心深知，只有承受恐惧，才能赢得勇气。如果只顾沉溺于希望、幻想和恐惧，就会错过淳朴、健康、甜蜜的生活，错过那不期而遇的友谊、宁静、美丽和温馨。

灵感的闪现

也许，经过长长的休整之后，灵感会突然再现，让一切再次变得豁然开朗起来。而这时，才知应感谢上帝，没有让一切都如己所愿。因为，如果一切真如己所愿，也许我们仍徘徊在山下富饶的牧场或茂密的树林，永远不能驻足于高耸的山峰；我们也许仍在恐惧和犹疑中，茫然向上攀爬。但现在，我们正沿着陡峭的山间小路前行，爬过了翠绿的高坡，越过了险恶的峭壁，穿过了布满残垣断壁的荒地。我们清楚地知道，前方还有丛林和平原，那里空气更清新，视野更开阔。我们已获取了力量和活力，能看得更远，可以享受到更高层次的快乐。也许，最终会在某个毗斯迦山[①]的希望之顶，眺望与我们息息相关的富饶之乡。虽然一路在孤独和寂寞中前行，但我们看见许多朋友和同道，正与我们汇聚一起。这不是梦想，而像寓言故事，以不同的形式发生在许多人身上——每天都在发生。那受到玷污的悲伤，疲倦而恍惚的过去，是不是此时此刻都与我们产生了联系？不，根本毫无联系。只是借助于过去的痛苦和阴影，我们才有可能攀登到现在的高度。今天，似乎受到上帝的恩赐，我才拥有了如此开阔的视野！迷雾，会再次席卷而至，那时也许会狂沙飞舞、冷雨交织，悲壮如河水嘶哑般吼叫。但我已清楚地看到了一切！我可能会疲倦、后悔、失望，而且会不止一次，但永远不会再有丝毫的疑虑！

①《圣经》中上帝命摩西登上此山，遥望应许之地。位于死海东北方。

下卷　平和之路

—— 战胜生命的苦难

下卷

平和之路

平和，是经历过大起大落后的心态。本森经历了人生所有的悲苦：中年丧子、丧妻，遭遇破产，孤身一人，然而这一切都没有打败他。正如他自己总结的：“他的爱激情四溢、他的痛痛彻心扉、他的渴望深切强烈、他的恐惧触目惊心。然而，在爱与痛苦，渴望与恐惧的后面，是内心的城堡，灵魂在这里栖息，它牢不可破，坚不可摧。”

1889年8月8日

恐惧的阴影

埃里克今天生病了。昨天晚上，他就浑身发烫，面色潮红，坐卧不宁。我以为他着了凉，就让他躺床上好好休息。今天早晨，请了医生过来。医生说，没必要着急，但他也不清楚到底患的是什么病。埃里克的体温很高，必须让他安静地躺在床上观察。我告诫自己，着急很愚蠢，却仍无法驱赶心中的恐惧。我心情沉重，沉重得无法承受。也许孩子只是有些异样而已，因为他从未得过类似的病。我们不让别人去打扰他，也不许麦琪去看他。上午，莫德陪埃里克坐了一会，而他大部分时间是在睡觉。我又看了他一两次，人来人往的让他难以休息。在我眼中，莫德就是个奇迹，她一定比我还焦虑，但她表现得却很镇定、坚强，脸上一直挂着笑意。她温柔地嘲笑我疑神疑鬼的，让我与麦琪出去散步。我也担心自己郁闷的心情会影响到她。晚上，我进去和埃里克坐了一会。埃里克醒了，眼睛睁得大大的，一副焦躁的样子。他一只手握着心爱的《荷马故事集》，另一只手抚摸着小黑猫。小黑猫在床上安静地睡着了。他想说话，但为了让他保持安静，我给他讲了一个絮絮叨叨的故事，里面的情节也枯燥乏味。他躺在那里，头枕在手上，沉思着，似乎要睡去。于是，我坐在床边，端详着他，为孩子与自己如此亲昵而感慨万千。恐惧的阴影填塞了我的心、我的生活，但我却惊奇于它带给我的启示。埃里克折腾了好长一段时间，我问他想要什么时，他只是把手放在我手中。这个动作不像他，他一直是个不愿意表露亲昵感情的人。不久，莫德进来了。我们留下年老的保姆照顾他，下楼去吃晚饭。要是知道他得了什么病该多好啊！我咒骂自己尽想那些不好的事情，为自己增添了不必要的痛苦，但我却不能自已。我的心情越来越沉重，半夜了仍不能入眠。终于，困倦让我无法自制，进入了一种昏昏沉沉的状态。感官在阴沉的晨晖中从身体逃离，可怕的恐惧从黑暗中失控般地冲出，扑在我的身上，像野兽般扑向它的猎物。

1889年8月11日

埃里克病了

这些天我不能写日记，也不敢写。孩子病得非常严重，患的是一种脑炎。我有一种莫名的恐惧，担心这病在某种程度上来自于过重的学习压力，大脑受到了过度的开发。我问医生病因。如果医生向我说谎——我想他没有——因为他是个男人，或者说是一个天使。“根本不是，”他说，“这是体质问题。实际上，我认为孩子合理健康地生活，比其他任何方式都有助于孩子康复。”但这些天我仍然无法动笔，睡梦中还隐约感觉到自己的心痛。吃饭时、走路时、读书时，都能感受得到。我醒来时的状态，也如囚犯一般，一睁眼就感觉自己被放在了绞刑架上，听见开门的声音，脚步声也越来越近。虽然仍躺在床上，但已经怕得只想呕吐。上帝的手，日日夜夜重重地压在我的心头。无论是在这个世界，还是其他任何地方，都无法清除这痛苦的记忆。也许，如果把埃里克送还给我们，我将坦然地笑对痛苦。但如果……

1889年8月12日

埃里克病得越来越重，几乎失去了意识。他总是昏睡，时常梦呓，说起我们一起做过的事情，或者说过的话，还总以为和我在一起。感谢上帝，他从未说过一句害怕我或者误会我的话。但这更让我无法忍受。昨天，和他在一起时，他睁开眼睛呆呆地凝视着我。可以看出来，他还认识我。他有点恐惧，我也无言去慰藉。莫德也在身边，她握住了埃里克的手，带着平静的笑容说："埃里克，没事，没什么可怕的。我们在这儿，你马上就会好的。"孩子闭上了眼睛，挂着笑容，躺在那里。我却无法笑得出来。

1889年8月13日

我的儿子，我的儿子

就在黎明降临的时刻，他走了。昨天晚上，我就已经知道，希望破灭了。一直与他待到深夜，不停地在祈祷，虽然知道这也是一种徒劳，无法减轻他的痛苦，无法留住他，更无法把他拉回到自己的身边。半夜时，莫德过来替我。我睡着了，然后在灰蒙蒙的晨曦中醒来，发现莫德手拿蜡烛站在我身边，我马上明白了，结尾即将到来。我们两人一言未发来到床边，麦琪也站在那里。三个人一起等待着结束。我从未见过任何人死亡。埃里克几乎没有了意识，呼吸缓慢悠长，脸色却与平常无异，只是因沉睡而变得双颊绯红。最后，他颤抖了一下，长长地呼出一口气，好像要让自己安顿下来，好好地睡上一觉。不知道他什么时候走的，但我知道生命已然逝去，那个我们挚爱的幼小生命已然离去，只有上帝知道他飞向了哪里。麦琪坐在那里，把手轻轻地放在我手中。我僵直地站立着，大脑一片空白，默默无语，满腹愁悲，装满深切而冰冷的仇恨——仇恨死亡，仇恨爱与死的制造者。我知道，麦琪和莫德心中挂念的是我，看到我如此悲伤，她们会悲上加悲。此时，我已与她们隔绝，与希望和生命隔绝，正处在黑暗之中，正坠入深渊。

1889年8月19日

丧子之痛

我再也见不到埃里克了，虽然他还栩栩如生地出现在我的记忆里，没有变成一副僵硬惨白的面具。每天的日子都昏昏沉沉，在麻木与悲伤中度过。日子变得忧郁、沉闷，死一般的昏暗。本以为自己早已探知痛苦的深渊了啊！我无法真正地探知痛苦，也不相信一切都会一如既往。莫德和麦琪谈论着埃里克，也向我谈起他。真令人难以想象！我心如刀绞，默默整理着孩子的物品——他的书本、玩具和其他的小东西，都一一放好收了起来。我茫然跟随小小的灵柩来到墓地。“复活在我，生命也在我”[①]，听到这句话，我再也无法控制自己的激动。天色灰暗，大风四起，静静的人群等在道路两旁，目送着我们走过。教堂院子里，高大的榆树摇曳着、呼啸着，我茫然地看着牧师的兜帽被风吹到了一边。如同做梦一般，我向着阴森、黑暗的墓穴望去，看见小小的棺椁停放在里面。神圣的悼词在耳畔飘荡着：“世人行动实系幻影。他们忙乱，真是枉然。”[②]这正是我的感受。我似乎再也不相信任何事情了，也不再对任何事情抱有希望。我永远也不可能再次靠近或见到这个孩子了。一想到他的孤独、无助，我的心就感到一阵阵的冰冷。莫德是

①选自《圣经·约翰》第11章。
②选自《圣经·诗篇》第39篇。

天使，她的爱似乎永远没有阴影。她的动作、她的笑意、她的言谈、她的感受，都表现得仿佛孩子就在身边。而我对这一切，却毫无感觉。随着我们挚爱的孩子那幼小的身体滑入尘土，他的灵魂已如吹灭的焰火永久消散，与无形的生命融为一体。我不敢说自己可以忍受住痛苦，因为它的打击如此沉痛，让我感官早已麻木。我似乎已看见伤口在慢慢淌着鲜血，却好奇自己为什么感觉不到疼痛。但不必怀疑，疼痛终会到来。我只能暗自感激，没让自己感受到更深的痛、更烈的疼。埃里克的逝去，并没有拉近我与莫德和麦琪之间的距离。如同抗拒痛苦的能力一样，我爱的能力已然失去。我不知道为什么写这篇日记，为什么记下自己的茫然和冷漠。也许是习惯使然，也许是为了消磨时间。唯一令我安慰的是，想到自己终有一天，也会死去，闭上凝视这个世界的眼睛，而这个曾经恐怖的世界，这个已变得美丽而温馨的世界，却又被冷酷毁得面目全非。在这里，我们为情感和真爱付出了沉重的代价。丁尼生就是“在最悲痛的时刻”[1]，找到了慰藉。但我要郑重声明：这个孩子，我宁愿从未爱过他，也不愿就这样失去他。

①选自丁尼生的《悼念集》，原句为：“在最悲痛的时刻我觉得：宁肯爱过而又失却，也不愿做从未爱过的人。”

1889年8月28日

魂牵梦绕

我们要搬离此地。麦琪经常低垂着头，像一只枯萎的花朵。我竭力去安慰她，不让她想起这些事情。安慰她时，我第一次发觉，自己并未失去一切。我们一家人的心连在了一起。看到她这副没精打采的样子，我心中突然产生一丝恐惧，担心再失去了她，浑身一阵战栗。好在，现在我们终于被紧紧地拉到了一起。昨天晚上，麦琪过来跟我道晚安时，我感觉一股暖流涌上心头，如夜风伴随着动人的琴声。“亲爱的宝贝，我的安慰，”我喃喃自语，似乎冥冥之中，有种神秘的力量让这话脱口而出。麦琪紧紧地抱住我，轻轻地抽泣起来。很奇怪，就这么简单的语言就可以让她觉醒，恢复勇气和骄傲吗？但莫德，对我仍然是个谜。她能明白地说出自己的痛苦——我却不能——这似乎能激发和丰富她的爱与柔情。但她好像有无法与我分享的秘密。她从不抱怨、反抗、抵制，却仿佛生活在难以靠近的地方，尽管那里充满忍耐与真爱。她每天都去墓地，我却不敢去，也不想去。散步途中经过教堂塔楼，都会让我的心一阵阵地酸楚。但现在，我们就要离开这里了。我们在一块安静的海边租了一间小房。我想我的病还没有好——至少，有时会有一种难言的虚脱的感觉，总是提不起精神——每天只能无所事事地闲坐、思考。我喜欢一个人呆坐，害怕受到一丝打扰，不敢担受一点事情。我知道，我心细敏感，总是能猜到莫德的心思，但现在，她却凭借惊人的耐心和勇气，带着自信的微笑，通过经常改变活动日程，不动声色地帮助我从过去解脱出来。然而，似乎我已经又一次地失去了她。

1889年8月30日

如释重负

途经剑桥，因为要换乘等车，就驱车来到城里看看我的母校。它仍在那里耸立，安静、优雅、迷人，一如以前，也许更为安详和动人。在明丽的阳光下，深嵌着栏杆的窗户悠闲地眨着眼睛。对我而言，每个角落，每级台阶，都蛰伏着一个灵魂。我可以叫出每间教室的名字，脑海中闪现出每扇门窗的故事。现在的我，心情沉重而麻木，记忆里满满的好像都是他人的人生经历。那人，在金色的阳光下匆匆而行，在烛火通明的房间里谈笑风生，在月光下的桥边徘徊，憧憬着未来的生活。仿佛在打开一本带着彩色插图的古书，里面展现的阳光最为纯洁，最有分量，如金子般弥足珍贵。我所认识的人，那些与我一起生活过的、令我钦佩和热爱的朋友们，他们现在在哪里？他们遍布在地球的各个角落，已彻底与我分离，有些人甚至已离世故去。哎！我无言以对。想到曾经在这里给埃里克画像的情景，当时的生活不也是同样的自由和幸福吗？明丽而甜蜜的世界正敞开胸怀等待着他，让他品尝同样纯真的快乐。这一切都让我心如刀绞。在那个平静而阳光明媚的下午，生活似乎变得陌生而悠远，自己也仿佛成了一个来自虚幻世界的幽灵。门开了，一位熟识的老教师走了出来，他依然还是以前的模样，匆匆地走过庭院，如以往一样疑神疑鬼地左右张望。他一直还在做着同样的事情，读着同样的书籍，讲着同样无伤大雅的闲话吗？我无心与他打招呼，他经过我身边时也没有认出我。透过窗户向教室里望去，可以看见自己常坐的座位，还有那幅高高在上的画像。然后，我们去了礼拜堂，里面有高雅的古典木刻作品，雕花图案的壁墙，天使的头像以及那巨大而庄严的雕饰屏风。感谢上帝，正好有人在轻柔地吹着口琴，于是我们就坐了下来，认真地倾听起来。琴声悠扬，随风飘来，湮灭了我悲伤的心情。是的，人生并非毫无意义。毕竟这变幻莫测的人生，在美好的日子里也曾云霞灿烂，哪怕它引导我们走向无形的黑暗和阴影。我如一个旅行者，站在山顶回首过去，从云曦间俯瞰阳光明媚的山谷。在悠扬的曲调和轻柔的踏板声中，人生如暮霭般缓缓聚拢在一起，勾勒出轮廓，呈现出高尚、庄严和美丽的色彩，最后，在上帝般的平和中终曲。我与妻女坐在那里，如朝圣者踯躅前行，体味着人生的真爱与欢悲。虽然厌倦跋涉，但仍然——是的，可以这么说——满怀希望地前行。那一时刻，失去亲人的苦涩，带上了些许的甜蜜。就在那里，亲爱的埃里克精彩的人生就在那里，陪伴它的是珍贵的往昔的回忆。麦琪见到我脸上的表情，十分欣喜。在我笑意盈盈地看着她时，她把手放在我的手中，泪水涌上了我的双眼，重负仿佛瞬间从肩上滑落。一定是什么东西触动了我，为我指明了前进的方向。乐声缓缓落下，慢慢消逝。五彩的阳光，撒在桌上、落在枝上，如在古老的墓穴布满灰尘的空气中闪动。我们一言不发，走了出来。庭院古旧阴暗，墙角爬满了常青藤，墙下是修剪过的草坪，一股暖流突然涌上心头：我仍是这里的一部分，过去的生活没有消亡，而是如珍宝般储存在充实而内敛的过去。对待幸福、温暖和生活，如一味采取孤立和隔绝的态度，就无法获得成功。人生，既令人悲伤，又让人感到古怪，远离它们的唯一希望，就是与生活中的一切都一刀两断，不再关注、不再热爱。然而这种想法，却是黑暗发出的诱惑，是丧亲之痛的阴影，是一种错误，一种彻头彻尾的错误，一门赤裸而冷酷的人生哲学，一次懦弱的人生徘徊。还有更好的选择，那就是带着爱的激情和无限的渴望，紧紧抓住人生中的一切，欣然投入每段真挚而强烈的情感，不再贪恋、不计奢华，抛弃失去芬芳的枯枝，满怀柔情蜜意地张开双臂拥抱纯洁和高尚，相信它们的后面一定有一颗伟大而慈爱的心在跳动，这颗心给予你的爱要远远超出你的梦想。

希望

真是一次奇怪的经历，在那个阳光明媚的下午，最痛的悲伤与最暖的希望融为一体，从信仰的圣坛升起火焰，把美丽的过去与黑暗的现在呈现在一起，指给我未来的景象：未来一定会优雅而美丽并散发出活力四射的光芒。

其他人会有着同样丰富的秘密吗？我想是的。至少，在那天，所有的人，无论年轻或年长，仿佛都变成了我的兄弟姐妹。在那些朝气蓬勃、充满了好奇和向往的年轻人轻盈的脚步里，在那些正蹒跚而行、走过街道的老教授疲倦的脸上，在那些精力充沛、生活富足而舒适的中年人身上，我都看见了同样的希望，同样坚定不移的目标，同样意义非凡的人生。我们三人跻身其中，真爱和失去将我们紧紧联系一起，我们似乎已成为以生活与真爱为主题的伟大戏剧的主角，即使是死亡，改变的也只是场景，却让内心蕴含的希望愈发炽烈。

1889年9月5日

挚爱与悲伤

重回剑桥带来的狂喜和崇高未能持续很久，我也不希望它持续很久。虽正经历黑暗而悲伤的时刻，却仍有甜蜜四溅的火花，因为我们意识到，我们被紧紧地连到了一起，互相应深深地依恋。莫德一直表现得很勇敢，虽也偶尔因真情流露控制不住自己的情感，却更拉近了我和她之间的距离，因为我意识到，她是多么的依赖我，我该更加坚强。不知什么隐秘的原因，莫德总是充满自责。她无数次地责备自己，怪自己没有对埃里克更好一些，只顾及自己的兴趣，忙于自己的活动，没能很好地照顾埃里克。当然，她的这些自责都不是事实，有些不合情理，是她对自己过于苛刻的缘故，但她的表现仍让我感到恐惧。我试图劝说她，告诉她这是由于疲劳和悲伤，总想把一切归咎于宿命的原因，但她仍没有好转的迹象。我们一起散步、兜风、读书和聊天——大部分的话题都是围绕埃里克的。我现在可以坦然面对了。我们甚至为某些短暂的回忆而一起开心大笑。但这样的进程也有风险，一不小心就会把我们带到泪水的边缘。感谢上帝，在那个短暂却美丽的生命中，不只有痛苦的回忆。在我悲苦的心里，还有一丝困惑，是否生命的美丽与光芒不该让我更坦然地面对失去埃里克的现实；生命过于美好，难以成真，过于纯洁和勇敢，难以维系。然而，我做梦也没有想过埃里克会离开我们。倘若预知这样的结局，我会倍加珍惜那些美好的时光。在茫然醒来的那些日子里，在本以为他仍与我们团聚在一起，却常被失去他的恐惧笼罩的日子里；在带着失望的剧痛，憎恨死亡让我们阴阳相隔，却仍充满希望的全力抗争的日子里，我常常陷入绝望的深渊。麦琪的感觉似乎有些不同。孩子接受环境改变时往往受到的冲击更剧烈，但却能更快速地恢复并适应。想到埃里克时，她也会黯然啜泣，却没有表现出苦苦挣扎的迹象，没有像我那样苦不堪言，充满无助和绝望。她很好玩，能逗我笑，分散了我的注意力，给了我很大的慰藉。但这一切似乎都对莫德没有作用，恐怕只有初恋时的激情才可以唤醒她了。而事实的确如此。早已化作亲情的初恋时的卿卿我我，现在又重新为我们增添了柔情蜜意。初恋时，有着难以抑制的渴望，渴望把生活与梦想，性格与身份都合而为一。现在，这种渴望又重新如花般开放。岁月流逝，她没有了往昔的宁静与耐心，而我们却仍如初恋时甜蜜。每次触碰到她的手指，接触到她的目光，都让我一如既往地沉醉。现在，她不能照顾我了，我开始承担了照顾她的责任。我时刻关注着她、照顾着她，竭力满足她每一微小的愿望。她身上表现出来的柔弱、哀怨和渴望，似乎让她重新变成了依赖大人的孩子，我的悲伤也转化成了快乐，因为我终于可以成为她的支柱和依靠。

1889年9月7日

生意倒闭

又一场灾难降临了。我收到了堂兄一封语气悲痛的来信。按照父亲的遗嘱，在父亲去世后，堂兄接管了家族生意。他一直不太走运，投机生意让他赔了不少钱。我的收入大都来自家族生意，我认为这种安排很糟糕。但父亲在世时生意一直都有保靠，所以从未担心过自己的收入。我的大部分收入，每年有900英镑，都来源于此。另外还有300～400英镑来自于自己的投资。莫德每年有200英镑的收入。明天，我要去伦敦见堂兄商讨这件事，现在还不清楚具体的情况。他来信做了些解释，语气中充满了自责。如果最糟糕的事情发生，我想维持生活也没有问题，不过生活就会截然不同了。也许会卖掉自己舒适的房子。奇怪的是，对这一切我都没有什么强烈的感受，似乎埃里克的去世已经让我失去了为其他事情感到痛苦的能力。

1889年9月12日

记忆

与可怜的堂兄度过了梦魇般的几天后，我今晚从伦敦赶了回来。事情糟得不能再糟。那些未来的业界精英会把我们的生意抢走。他们购买公司支付的钱，加上堂兄的收入以及公司的资产，刚刚可以还债。我们每年会有600英镑维持生活，堂兄将成为新公司的一名普通员工。这场灾难的源头令人感叹，不是堂兄为了自己赚钱，而是一些赔了钱的客户为了捞回本钱，要求把放在堂兄手中的钱提高利息。如果堂兄拒绝了这个要求，就会与客户发生不快，因为他们投资赔的钱都是因为听从了他的建议。他无法面对这些，为了填补资金缺口，继续以托管人的身份利用其他资金进行投机。他性格柔弱、轻率幼稚，错误地估判了形势，不会耍奸弄诈，都是他失败的原因。这对他是一次可怕的打击。但万幸的是，他还没有结婚。我劝说他到别处任职，但他坚持要面对这种局面。他的想法很特别，但很有贵族气度和骑士风范。他认为，这是在做忏悔。可以想象，他这么做毫无前途可言。我可以确信，他为赔掉了我应继承的财产而悲伤，要远远胜于为自己的财产损失而产生的悲伤。他的悲剧始于几年前，他拒绝了这些精英们兼并公司的要求。我起初担心会失去自己剩余的全部财产，因为这些都是自己这么多年辛苦劳动所得。后来发现这种担心没有必要，就大大地松了口气。首先，必须要卖掉房子，然后找一处小一点的房子。目前，我并不担心环境的改变。的确，如果能恢复写作能力，就根本不必搬离此地。因为现在的我不管写些什么都可以赚上一笔，这诱使我想马上写一部书。另一方面，这所房子常让我想起埃里克，离开这里，对我也是一种解脱——虽然这会让莫德和麦琪感到伤心。就生活简朴而言，我根本毫不介意。我一直对悠闲而奢华的生活深感不安，一直希望能够过上简单的生活，可以节省下来更多的钱。我一五一十地告诉了莫德我们现在的情况，她一言未发。可以看出来，此时此刻，想到把装载着所有婚后生活的房子、埃里克以及他住过的房间，都转让给他人，肯定会让莫德悲痛不已。而对我却是一种解脱，因为我害怕回到那里。今天晚上，我把真相告诉了麦琪，她哭了很长时间，但这也许对她更有意义。很奇怪，成为穷人触动了麦琪的浪漫柔情，因为她并没意识到新的生活给她带来的逼仄和窘迫。

更奇怪的是，这顽固而有形的困境，竟让我恢复了平和的心态，重新焕发了斗志。我发觉现在自己头脑变得清晰起来，能够抓住问题的实质，拥有了清醒的神志，这是我以前从未想到过的。能全身心地投入，拥有充实的事业，可以分散自己的注意力，对我是种解脱。的确，我所面临的困境决非走运之事，但它是一个清晰可见的问题，可以针锋相对地加以解决。如果失去一切，如果丢掉了自由，转而从事具体的实际工作，我的感受又会如何呢？我不知道。我想，可能头脑中再也不会产生恐惧了。

1889年9月15日

最后一次与埃里克散步

一整天，都在想着最后一次与埃里克散步的情景。那是他生病的前一天。莫德和麦琪出门去了，于是这个结实的小家伙就来到我房间，请我和他一起去散步。我早上曾出去过，天气寒冷，下着小雨。另外，读书是我每天晚上的功课，今天我还差几页就读完一本书了，对别人打扰也心存一丝恼怒，所以本不打算再出去，刚要张口拒绝。但当抬头看见埃里克站在门边，脸上挂着寂寞的神情时，感谢上帝，我马上放下书本，愉快地答应了他。他脸上顿时绽开了笑容，取了我的帽子和手杖，我们一起走出家门。想到那天能完全地拥有他，我至今仍十分欣慰。他的神情比往常略显神秘。也许——谁知道呢？恐怕只有上帝知晓——死亡的幽灵已附在他身上，他本能地在生命终结前紧握双拳。他恳求我讲一些我上学时的故事和孩提时常做的事情。他那天的表现十分活跃，时常打断我的讲述，指向曾经见过的鸟巢，它们虽仍然挂在树枝中间，但已然风干破败了。往家走时，他显得有些疲倦，挽起了我的胳膊，这是他从未做过的事情。我触到了他的小手，是那么柔弱，手指不安地在我手背上滑动，让我一阵激动——那只手冰冷如水，蜷缩着，在黑暗的映照下有些枯瘦。能整晚和我在一起，他十分骄傲，告诉麦琪说我俩分享了许多秘密。

“我们谈的都是男人之间的事，女人插不上嘴。”

但想到这话会伤麦琪的心，他就走上前抱住了她，我听见他说自己是在瞎说，其实我们一直在等她……

啊，我怎能承受这一切，这寂静，这空虚，那失去的笑容，那从头到脚，从身体到灵魂，从灵魂到精神都挚爱的孩子！他的身影不断在四处出现，他读过的书，凉亭里用过的工具，壁炉上送给我的小礼物，衣橱里悬挂的帽子和大衣——正是这点点滴滴琐碎的生活痕迹，这欢乐的日子，才真正让我心如刀绞、痛彻骨髓。倘若能再看他一眼，再和他说上一句话，让他再冲我笑一下，就能证明他仍在那里，他记得一切，正等待着我们，那么，我就可以欣然地接受一切。但无论现在我怎样凝视黑夜，都没有得到任何回应。我向空茫的世界发出请求，让请求大声地呼唤："我的孩子，你在那里吗？"我毫不怀疑，他的生命就在那里，与上帝一起，隐藏在那里。然而，是他本人吗？还是已变成了山泉中的一滴水，重新落入生活的浪潮？我无法获取安慰，我想要的是他，那个身与心，生命与挚爱融合的他，那才是我的孩子。我再别无他求。

1889年9月20日

无法慰藉

丧子之痛划过心灵，如同木犁一道道啃噬着草场，草场原有的模样，生长在地面的草木，都被一扫而光，竟让内心的想法完全暴露，赤裸裸地展现在世界面前。一直自认为是虔诚之人——感觉上帝时刻与我如影随形，但当这种经历降临时，就衡量出了信仰在我心中的价值。我没有在有爱、有希望时求助上帝，没有真正地认识到他，真正在理解过他。我以为上帝早已把我遗忘，或已无力给予我爱，只是盲目而严格地行使自己的职责。理智徒劳地告诉我，孩子的生命和爱就是那份至纯至美的来自于上帝的礼物。我从未因上帝把孩子从我身边夺走而质疑过他的力量和权力，因为我必须忍受，所以我必须忍受，这让我无法心甘情愿，无法保持忠诚，无法给予真爱。不是我认为他夺走孩子的行为有失公允，而是认为存在一种更大的不公。一方面，上帝让孩子变得如此活泼可爱，把他的形象深深地铭刻在我的心里；而另一方面，在没有及时送来真爱、送来力量、送来忍受痛苦的耐心的情况下，他却急迫地把生命撕裂，任开裂的伤口鲜血流淌。我始终相信，自己对孩子的爱是一种甜蜜而神圣的感化力，它给予了我急需的东西——置身于自我和兴趣之外——爱他人胜过爱自己的能力。这么看来，丧子之痛真的纯洁而质朴，但如果上帝教授给我们的课程是斯多葛派的恬淡寡欲的思想，就另当别论，因为这仿佛是拿走了残疾人的拐杖，敲掉了摇摇欲坠的大楼的支柱。

黑暗中的心

乐观派的道德家们会说，我对埃里克的爱过于自私，才让我的心与上帝有了距离，让上帝产生了嫉妒，因为上帝需要彻底的顺从，完整的爱。但一个人怎么会爱上自己不熟悉、不理解的力量呢？这种力量行走在黑夜中，一边给人以甜蜜、美丽和希望，一边却在你急需这些甜蜜、美丽和希望时横刀夺爱。不是我不深切地渴望去相信和热爱上帝。如果悲痛赋予我信任，让我单纯而炙热地信任上帝的仁爱，我就会理所当然地认为，这种悲痛不过是一个微不足道的代价。但事实恰恰相反，我的心中充满了茫然、猜忌、苦恼忧郁和抗拒。我感受不到上帝送与我任何东西或启示，让我能够不再追究上帝的不公和冷酷。即使他夺取我的生命，我也不会再相信或者热爱他，因为我真的无法再去相信和热爱，他的连续重拳出击让我已然粉身碎骨。可是，他却赋予了我神圣的力量，让我能够进行判断、检验和权衡。即使受到上帝的蔑视，我也必须运用这种能力。上帝不需要愚钝而破碎的逆来顺受，那只是为了不受再次打击而表现出来动物般的无条件地服从。灵魂告诉我，上帝需要的，是对他的仁爱施以积极的合作、勇敢的认同、慷慨的信任。我无法做到，是上帝让我无法做到的。伤口可以愈合，剧痛可以消失，我可以忘记，孩子可以变成美好的回忆，但唯独不再相信，这些就是上帝希望的顺从。我想，上帝希望的是，我应该还挚爱着孩子，思念孩子时一如既往地满腔悲痛，即使孩子的离去让生活变得暗淡无光，却仍能鼓起勇气、心怀感激地求助上帝，希望获得圆满的爱与信任。也许，我会与那些我爱的人贴得更近，但丧子之痛永难弥补，因为只有埃里克的出现，而不是他的离开，才让我学会了更爱自己的亲人。我毫不怀疑，这是上帝的旨意，但我无法看清其中的仁爱和公正，更不会假装默认。

1889年9月25日

母爱

昨天是个温暖宜人的好天，让人感觉些许倦怠和柔情，秋风和煦，太阳金黄。整个上午，我们都坐在悬崖下温暖的沙地上，两边是蓝色的海湾，海浪拍打着岸边，激起了层层浪花。一个接一个的海岬沉入雾色中，几只渔船在缓缓漂荡，在远方的地平线上，有一艘巨大的蒸汽船，它升起的烟雾飘向空中。莫德和我聊着天。我想，这是我们第一次在没有保留、不掺杂苦涩、忘却悲伤、不涉及埃里克的情况下聊天。一直支撑莫德的，是她坚定的信念：埃里克一如既往的勇敢而可爱，已完全理解和明白我们为何两地分离，他现在正在某个地方，某个遥远的地方，等待着我们。莫德梦中见过了他。在梦中，埃里克正俯首凝望着她，似乎在好奇她为何悲伤。我想，母亲和孩子有一种天生的默契，这种默契父亲是感觉不到的，所以我无法获取这种默契。它是一种超越所有理智的直觉，一种令人神往的必然，一种深切而强烈的信念。这种信念，温暖而充满阳光，在它的感召下，我逐渐体会到，至少有某种理由可以解释这种默契。默契是一份珍贵的礼物，不是偶然拾得，不是偶然学会爱它，也不是偶然与我们割裂开来。它早已潜伏在那里，在这个如此甜蜜的世界，在这个让所有感官、所有渴望都得到满足的世界，正在温情地诉说着。我慢慢意识到，上帝一定希望我们诸事如愿。如果有阴影投在地上，也不是为了让我们变得冷酷无情，心生怨恨。上帝之爱无限无边！此时，他的爱来到我身边，紧紧地拥抱着我，他的心在跳动，满是悲伤与温柔。在莫德的恳求下，我给她读了《伊芙琳》[1]。诗中的爱强烈而持久，让主人公可以平静而温柔地凝视死亡，没有一丝忧郁和恐惧，只是把死亡当成一次心灵的沉睡，也让我瞬间学会了怎样才能坚强。

“你将会醒来，记住并且明白。”

我声音哽咽，无法抑制泪水的流落，也不想去掩饰。这时，妻子的灵魂靠近了我，带着完美而飘缈的欢乐——真正上帝的快乐，心灵与心灵之间在互相凝望。

①英国诗人罗伯特·布朗尼所作。

1889年10月10日

搬家

不断收到邻居们充满善意、令人感动的来信，为我们最近遭遇的不幸安慰我们。但他们似乎没人料想到我们要搬家，因为他们很自然地认为，只要我愿意等待，想挣多少钱都不是问题。我想这也有可能。我跟莫德认真地谈了这件事，说我尊重她的决定。我坦诚的地告诉她，自己极其讨厌出书挣钱的想法，尤其出一些滥竽充数的作品。但如果她无法离开此地，我会毫不犹豫地出书赚钱，因为就目前状况而言，只有挣到钱，才有可能继续住下去。我坦诚，离开这么一个被悲伤纠缠的地方，对我是种解脱。我自己更愿意住在其他地方，简朴地过活——那会让我的写作能力重新复苏，而不必努力去强迫它的恢复。阴影笼罩回忆，带着忧郁去工作赚钱，这种前景真的可怕，但我想，这种生活也不是没有可能，甚至会更有益处。莫德没有犹豫不决，坦率地告诉了我她的决定。一方面，我所恐惧的睹物思人，很显然带给她的一半是悲伤、一半是快乐。想到陌生人住在因悲痛而变得圣洁的房间里，无疑会感觉到一种亵渎。另一方面，她还有许多亲戚朋友在这里。但她只简单地说，我的感受重于一切，她愿意在其他地方开始新的生活，而不愿让我处于现在的环境中。我们决定去她的故乡格洛斯特郡找一所小房子。我想，这个决定带给了她前所未有的快乐，我们很快就计划好了要做的事情。我们将现在的房子长期出租，只带走必需的家具，把其余的都处理掉。我们打算住在格洛斯特郡，尽可能寻找到一处房子。我们俩都清楚，必须紧缩开支，因为现在的收入还不到过去的一半，其中还包括老房子出租的费用。但我并不担心这些，总是隐约地觉得不太喜欢过去那种安适的生活——但也不喜欢对花费斤斤计较——只要重新开始写作，就会弥补这一切的。

这一切都让我受益，但不好说有多大。虽然在那些我重新陷入悲伤、空虚、苦恼和绝望的日子里，一想到上帝的安排，就会心情沉重，有时，甚至感觉过去的那些美好的生活已然破碎，无法补救。但记忆和想象如此神奇，现在感觉，即便那因失去写作能力而阴影笼罩的几个月，都不可思议地变得芬芳而美丽，所有的痛苦都不过是过眼的烟云，稍纵即逝。其实，真实的灾难、真实的悲伤，都会从现实中获得帮助。现实，正用它强有力的大手，消除着所有的矫饰与虚伪，掩埋着所有自我臆想的痛苦和忧伤。

1889年12月15日

告别

这几周没有写日记，一直在事务、悲伤和希望中周旋。我们回家住了一段时间，与邻居告别。我们的离开让他们感到惊愕，这让我莫名地感动。当然，我也感受到了莫德的失落。我一直自私而麻木地生活着，即便如此，当看见自己被人挂念时，心中还是不免感觉一阵暖意。此时此刻，所有的恩怨都已忘怀，都已被宽恕，我所建立的那种不温不火的邻里关系，现在似乎也值得留恋和珍惜。回味悲伤，会令人心如刀绞，不断让我掉入曾经经历的那种欲哭无泪的苦痛之中。虽然竭尽全力让自己坚强一些，但反而变得比以前更加痛苦。不管重新捡起往昔的生活会超出自己的忍耐力有多远，埃里克都不会再停留在那里。一次又一次，把刀刺入心脏，每一次都伴随着一阵剧痛。而莫德和麦琪感受的却大不一样。对她们来说，这是一次记忆的珍藏，所以她们能够勇敢地放纵悲伤。我不敢提及、不敢想念。每一次转身，都发现埃里克出现在眼前——以上百种的形象，有时是呱呱啼叫的婴儿，有时是结实的小孩，有时是我们失去的爱子。

租我们房子的人心地善良、通情达理、细心周到地把一切都安排妥当。在老房子吃完最后一顿饭，我们开车离开。看见后面的风景渐渐淡出视野，我的心情既沉重，又轻松。这像在荆棘丛生的人生中恣意翻滚，像故意拾起一簇簇的长矛刺向心脏，我俨然伤成了一只浑身赤裸的动物，全身的皮肤都已脱落，每一次刺痛都让我一阵蜷缩，血水如注般流淌。

1890年2月10日

一所老房子

一直在寻找新家。我无法假装喜欢上我不喜欢的房子。一座陌生的房子，里面有花园，花园外围着高墙，窗户朝向庭院，从台阶上去是阁楼，衣橱是深色的，木质的，古色古香，这些都会激发我的遐想。有时也想，这些古老的地方，也许飘满了不愿离去的亡灵，忽而悲伤，忽而欣喜，徘徊在这熟悉的地方。他们悲伤，因为未让自己有限的人生达到圆满；他们欣喜，因为他们自由了——作为一个人，一个坚强而健康的人，现在完全可以肆无忌惮地窥视自己曾经不敢涉足的地方。但我却不相信房子中幽灵出没之类的故事。上帝即使有万顷高楼大厦，也抵不过我们凡夫俗子的陋室一间。我非常不喜欢一些房子——它们如此丑陋，矫饰、笨拙、单调，但即便如此，假如自己能把家安在这种地方，拥有自己的房间，也会感到几分欣喜。有一座房屋，莫名其妙地打动了我。它坐落在一个小镇。这个小镇我过去常去，每年都与上了年纪的姑姑在那儿待上几周。小镇的名字，是在一个地产代理人的名册上看到的，它深深地吸引了我，让我产生了一种朦胧而美好的印象。在小镇上，我获得了在其他地方从未有过的自由，几乎大部分时间都是在悠闲地享受，用儿童才有的稚嫩而迟缓的观察力四处查看，审视着周围的一切。当来到这座房前，我惊讶地发现，虽从未到过这里，却有一种似曾相识的感觉。过去，曾有两位性情古怪的老处女住在这里。她们虽然打扮得有些土气，却很整洁，常常怡然自得地一起出来散步。树丛中的桂树和紫杉郁郁葱葱，遮蔽了简陋的小客厅的阳光。一位上了年纪、安静可敬的女仆领我在房中四处观看。她在这儿工作已有20年了，泪眼婆娑地感慨家庭的破碎。两位老太太在这里住了60年，其中一位10年前去世了，另一位一直住在这里，直至成为耄耋老人。房子俨如一座博物馆，是典型的30年代的房子，一切都保持原有的模样。略显奇怪的壁纸和印花棉布，带着绒线刺绣图案的椅子，古朴的花镜，浅色的枫木家具，专吃蛾子的蜂鸟的标本盒，雕刻呆板的历史题材的绘画，古色古香的旧书——客厅的书桌上摆放的全都是年鉴、纪念品、莫尔①的诗作以及巴波尔德夫人②的作品——这一切都简陋得有点可怜，但它表现出来一贯的品位却值得称道。接下来看的是那狭小逼仄的马车房，里面布置得井井有条，淋浴用的椅子，四条腿的桌架，楼梯上的扶手，堵门用的沙袋，都显示了主人懦弱且孱弱的人生，如同一汪浑水中的一只蜂鸟。这里曾有孩子住过，因为在阁楼里摆放了一些破损的玩具，收集起来的干枯的花草，形态各异的石子。我在这散发着异味的昏黄的房间里穿行，不时受到触动，房子本身就为我塑造了房主那戏剧性的人生。自从埃莉诺小姐去世后，卧室就没人用过——可以想象出那个胆小、可怜、心细、渺小的生命，在熟悉的环境中飞掠而过的情景。这是杰克逊小姐最喜欢的房间——如此安静——几周前，她就是在这里，坐在椅子上去世的。她每天在这安静的房间里工作的场景，出现在我眼前。我看见了杰克逊小姐在写信读书、吃饭，以她惯有的谦虚，在招待老友，不断表达着谢意。年复一年，时光流转，时钟仍一如既往地在客厅里发出响亮的滴答声。阳光悄悄地照亮了这座老房子，

①托马斯·莫尔（1478—1535），被天主教会封为圣人，又称“圣托马斯·莫尔”，英格兰政治家、作家、空想社会主义者。

②巴波尔德夫人（1743—1825），英国著名诗人、评论家、编辑、儿童作家。

鸟儿在花园里鸣唱，路上响起了轻微的脚步声。在我来到这个地方很久之前，每日温馨的劳作早已开始。

突然，产生了一个奇怪的念头：在我人生经历最曲折坎坷之时，这里的生活却没有受到一丝的打扰和改变。埃莉诺小姐的离世，一定对杰克逊小姐有着致命的打击，以至她此后再也没有迈出过这座房子。她们天各一方，形单影只，再也无法结伴同行。死神从天而降，凶猛地扑向这座房屋，却发现房屋里已死一般的寂静，她一定会感到相当的难过与困惑啊！有人一定会好奇，当埃莉诺小姐必须面对死亡，从如此温馨、熟稔、安静的世界进入未知的黑暗时，她的感受是怎样呢？当被孤独地留在这里，可怜的杰克逊小姐的感受又会如何呢？她一定也会困惑不解，枯燥无聊。然而，她们中的某一位，或者俩人都曾梦想过更为充实的生活，幻想过男人眼神中流露的含情脉脉的目光。当然，无论发生过什么，一切都已化作尘烟。两位女士已安顿下来，回到了自己平淡而自足的生活。岁月让她们日渐憔悴，但她们白天仍在愉快地忙碌，夜晚仍能安静入眠。她们一生从未自私过——女仆告诉我，她们对穷人很慷慨。晚年时，她们常邀请自己的外甥和侄女一起同住。后来，这些孩子都长大成人，走向社会，就不再愿意回到这布置得井井有条、却枯燥乏味的小屋，也不再关注曾经拥有过的神经兮兮的人的爱护。

这真是一个充满盲目和满足、令人困惑不解的世界。战争流言、社会变迁、爱国梦想、崇高思想，都从屋外席卷而至，却从未掠过花园，征服花园后面隐藏着的倦怠的生活。姐妹俩俨然是与世隔绝的丛林，甜蜜地，或许平淡地生活着，从没意识到自己的精神和体力在慢慢流失。

现在，一切都已结束。人们或充满好奇，或态度漠然，却纷纷而至，在踏过这古屋的地板时，随意贬低着它的老土和不便。我却与其想法不同，因为这里所有的一切，都是它往昔变迁的见证。可以确定的是，不久以后，这座古屋将面貌一新——它将得到重新修缮和恢复，家具将送到二手店，不用的东西将被扔到垃圾堆。新的生命，新的人际关系将出现，将有婴儿出生，男孩子会贪玩，爱人们会拥抱，痛苦的人会静默思考，男男女女会在粉饰一新的房间里离世。一切都将顺其自然，向前而行。曾经如此眷恋的每个角落、每个台阶、每件家具的生命，都将变成回忆，再渐渐被人淡忘。那两位老妇人，现在在哪里？在做什么？她们会像熄灭的火焰一样彻底消失吗？她们在那个安静的新屋中吗？面对装饰一新而令人困惑的环境，她们会胆怯而无奈的——这些孱弱而疲倦的人——去调整和适应吗？那天，这座沉寂的老屋，无数次用微弱而颤抖的声音呼唤着我，我听不懂其中的含义，因为，虽然它用灵魂之音拨动了我的心弦，我却无法捕捉到它具体的意义，只听到了遗忘和沉寂。

我离开时，那位年老的女仆一定又会陷入寂寞而可怕的回忆中，为此我感到难过。因为新的工作和主人，她必须离开舒适的厨房和轻松的家务。可以看出来，想到这种变化时她脸上的伤悲和无奈。

似乎在那一刻，世界上的残忍和温柔神秘地交织在一起——这座古屋隐藏了无数的遐想，掩饰了诸多的平静，但它绝掩盖不了温情。再后来，这种温情而平和的生命遭受了沉重的一击，仓促应战的生命终难抵御这残酷而黑暗的现实。有人认为，如果现实更有爱心，那么，从一开始就该让肌体能够承受更多的残酷和危难，赋予它坚强和勇气，美好的希望和强大的忍受力，不必让它以脆弱而娇柔之躯对抗庞大无垠的恐怖。

1890年4月8日

我们的新家

新房子很漂亮，有家的味道。它是一个老式的石头建筑，以前是座农场。花园和果园很别致，依傍着爬坡而上的树林，树林前面是一条小溪。房子坐落在一个小村旁，离莫德的老家不到3千米，所以她对整个地区都非常熟悉。我们带了两位老仆人，其中的一位是和蔼而健壮的花匠，他也是本地人。房屋内部小巧、舒适，还多出来一个卧室。我没有书房，就把餐厅间壁起来当作书房。安家时有许多事情要做，我承担了大部分的体力活，搬家具，挂画像，着实费了不少气力。麦琪离开旧家时伤心不已，但像许多孩子一样，她的复原能力很强，现在又变得活跃起来了。我很害怕这忙忙碌碌结束的时候，那时，我们又会陷入平淡的日常生活中。我开始想，如何能让自己忙碌起来。我打算做各种各样的零活——因为没有合适的工具，所以搬来搬去的活儿就很多。麦琪和我，我们会重新开始上课，一起读书、除草、散步。人应该能够看开一切，达观地生活。为了创作，我又有什么难以割舍的呢？但我创作的本能似乎已彻底消失殆尽。我甚至无法想象，自己曾那么认真而庄重地创作过那么多虚构的人物，演绎出他们的嬉笑怒骂、悲欢离合。生活和艺术！原以为它们都是精心谱写出来的，节奏动听、声音高亢、舞乐悠扬。但艺术上的苦与悲，如大小调一样形影不离，远远胜过了生活中的苦与悲。在艺术上，音乐家时而微笑、时而叹息，但他的叹息是有规律的，按照预定好的曲调；他的内心是满足的，如池水一样，无论能否映照出阳光，能否映照出寂寞的星辰，它都是满足的。然而，在生活中，欢乐之于悲伤，如同音乐之于沉默，只会带给人心碎、麻木以及难以言喻的痛苦——虽然在沉默中，也许会听到更深沉、更陌生的声音，会听到原子飞转的嗡嗡声，会听到世人无力的呐喊声，但这一切只是为了奋力突破那空虚、悲伤和遗忘。

因此，撕裂生活的面纱又有什么益处呢？如果在生活中，在尘世的生活中，做事和工作，就是生存的目的，这并非好事，它会让生命失去弹性，最终，人只得身负沉重，痛苦地前行；但如果做事和工作不是生活的目的，那么，生活的目的又是什么呢？

1890年5月16日

新的生活

现在所住的乡下，让我可以尽情地享受生活。我可以在高原上久久漫步，可以找寻精致的乡屋村舍，欣赏那里别具一格的石头房屋；可以向下走到绿蒙蒙的湿地，观看清澈的小溪在岸边流过，观赏岸上遍布的荆棘和赤杨；还可以欣赏到教堂和庄园，它们灰色的石墙上涂抹着泥浆，房顶铺着石瓦。这里的美景数不胜数，我可以恣意享受。此外，长时间在户外活动，也让我心平气和，身体健康，疲倦中带着愉悦，冷漠中透着亲切。我的思想已开始长草，而且是杂草丛生，一副颓相。但我却可以欣然接受，因为这至少可以让我在痛苦中获得片刻的喘息。想到自己一生中最为忙碌和充实的阶段在这里度过，像一棵树孤寂地生长在大地，心里总有一种奇怪的感觉。正常的生活又该怎样呢？也许，会在伦敦街头的一个小屋里，墙上刷着白漆，摆放着很多书架。每天按时一日三餐，做游戏、听音乐、上俱乐部，周末或到热闹的人家做客，或到国外游玩，冬天到乡下躲冬。如果能享受到快乐，这种轻松愉快的生活无伤大雅。但对我而言，难以想象、无法忍受。也许我该更快乐、更活跃一些，也许时间该过得更快一些。该不该下决心过这种所谓的正常生活，并学会适应呢？该不该为不屈从于人际交往的惯例而受到惩罚呢？毫无疑问，应该受到惩罚。那么，我就该按照天意，为自己的屈从付出更沉重的代价。而我的困惑就在这里。人具有强烈的本性，喜欢自由、独立、孤独和安静，那么就该发现，人类所渴望的生活竟会滋养了诸多恶习——忧郁、不满、挑剔、病态，这是文明的阴影，它让人有了智力、变得警觉、渴望激情，但它折磨着人的神经，让其无法享受生活的乐趣。我时而清醒，时而糊涂。

难解的心结

埃里克的离世，是唯一让我解不开的心结，让我始终处于阴郁的黑暗中，不见一丝星光。但也正是这件事，让我不再自私，心存善意，关爱他人。

“也许，”一位老朋友给我写信，还想固执地安慰我说，“正是出于仁慈，上帝才把埃里克带走，以躲避即将来临的邪恶。”

很多人说过这样的话，但上帝的行为方式是多么不可理喻啊！设想一下，上帝为这个孩子安排的未来该何等恐怖，以至于连他的突然离开都需忍受！这是多么无助、无望、赤裸裸的失败啊！不，要么是匆忙结束的短暂的命运已被刻意安排、谋划和实施，要么是上帝在绝情的逆流面前无能为力，因为逆流比上帝更加强大。于是，上帝的形象土崩瓦解了，上帝成了躲在和蔼温柔的面具后的一个神秘而空洞的力量。如果有机会，他会变得善良而美好，但它却时常被更强大的力量摧残、束缚。当然，这是希腊人的观点——上帝在人之上，命运在上帝之上。最糟糕的是，这种观点也许会一语成谶，变成可怕的现实，甚至比我们那些善意而多情的理论和宗教更接近生活的真相。但不管上帝和命运如何作为，我们都必须承受重任。我所肩负的一个重任，就是有意识地、勇敢地、竭尽全力分担那些更柔弱之人肩上的重担，因为他们的命运与我们的命运息息相关。

1890年5月25日

常态的生活

火车经过一条大路时，有人从车窗里看见一所房子，很像我现在住的房子。它仿佛位于世界的尽头，远远地望去，后面是西沉的夕阳——房子俨如一个安静的城堡，一个充满无尽平和的地方。于是，这个人就在这里住了下来。后来，他才发现，这里恰恰是生活活跃的旋涡，水流汩汩奔腾而出，上下盘旋，前后飞舞。还有一种可能，就是在路过这房子时，这个人想到，在这里至少可以与外界隔绝，安静地生活与思考。那么，就不再会有烦恼和忧愁，可以心满意足地坐在那里，眺望着寂静的田野，或者来回踱着步，一边消化着自己获取的印象，一边在思考、选择和解读——他会生活在那里，虽然生活的溪流一如既往的混浊、焦躁。可奇怪的是，这样的幻想常战胜任何真实的人生经历。在他人的生活中永远无法读懂自己的困惑。

单调的谈话

一项针对我们的计划正在开展。莫德的老朋友找到了我们，他们都是些淳朴、善良之人，但有些缠人。互相寒暄之后，谈到各自的工作、活动和人际交往。对莫德而言，思想交流如呼吸一样简单、自然，是人之常情。我听见她时而回答，时而发问，声音平静，甜美而充沛。但对我而言，这些家长里短的事情，极其讨厌，毫无意义，我只想对志趣相投的人说些我关心的事情。志趣相投，是同情和风度的基础——是一个朋友所拥有的全部完美品质的融合。这些善良却不解风情的牧师，还有他们絮絮叨叨的妻子、开朗的女儿、沉默的儿子——我要么想进一步了解他们，要么就根本不想认识他们。我想走入他们的大脑——人类思想的殿堂，但我愿向一个真正的客人敞开心扉，而不愿意在饱受非议的老一套的社交礼仪中喋喋不休。我根本不擅长这些套话，不管它如何简单。

几天前的一个晚上，我们与附近的一位牧师共进晚餐。他幸福快乐，乐于助人，受人尊重。饭后，在客厅里，我坐在主人旁边，看着莫德饶有兴趣地倾听牧师妻子卖力地讲着村里人那些枯燥无趣的琐事。我被这种无聊的事情折磨得苦不堪言，于是不时蹦出些问题，挑起新的话题，想与这位受人尊敬的牧师交谈。他的回答冗长而啰唆，尤其爱对农村需求问题进行长篇大论。终于，我忍耐不住说，我们必须走了。他表示出真诚的失望，回答说天气还早，为不能继续与我们愉快地谈话感到遗憾。我吃惊地发现，很显然，他一直在津津有味地享受着谈话。他可以不听新到客人的谈话，却愿向他们重复多少年来一直在说的话题。即便这样，他也会感到非常愉快，其中的原因真令人感到困惑。大多数人却不这么认为。他们喜欢大家坐在一起聊天，既能看到人，又可以听见声音。他们喜欢那种心有灵犀的感觉，“我就说嘛，”是一句总被客人挂在嘴边的套话。我想，也许自己见识有限，总想像雅典人那样追逐新奇的思想、追逐新造的硬币。我厌恶用旧的硬币，上面的图案早已模糊不清。呆板、单调、陈腐，难道是人性不可或缺的一部分吗？这恐怕是人类思想脆弱，需要刺激的缘故吧。如果思想强大而充实，它的河流就可以容下那些涓涓细流。我乐于观看别人的房间，不管是熟悉的、别扭的、简陋的家具，还是偏移了的照片、装饰品的碎片——这些都代表了个性与差异。但我却不能进入大多数人的思想，因为人们只会开放公共的空间。此时，我感到心力交瘁，无比沮丧，过去的那种莫名的悲痛和茫然的失落感又重新袭来——这种感觉已成为我的宿敌，它把人生所有翻过的书页都给玷污，然后又缠上了疲倦、不安的夜晚，还有那无情的灰蒙蒙的黎明。

1890年7月3日

人生的境界

从内心深处，我根本不想让精神生活置身于现实生活之上。人生最高的境界，就是把两者结合起来——一个具有崇高理想的人，是有能力做到的——成为一个造福社会的政治家、一个崇高的教育工作者、一个积极投身社会公益的杰出商人、一个扶贫救困的慈善家。再低一点的境界，就是那些伟大的思想家、道德家、诗人——都是激发人类灵感之人。再下一个层次的，是那些伟大宏图的高效实施者——法官、律师、教师、牧师、医生、作家——他们没有创造性，但深知公民的责任和为人的职责。再往下，就是那些在狭小的领域发挥简单而直接作用的人们——那些处于最底阶层的广大民众。他们出于本能或需求忠诚地工作着，没有任何特定的计划或渴望，只想诚实而体面地生活，争取有所作为，没有急迫的为人服务的意识，讲求随遇而安。实际上，他们是现实派的个人主义者。还有一个层次，这一层次既不高于、也不低于上述的任何层次，就是那些喜欢安静的冥想、反思之人，他们是理性派的个人主义者。一般说来，他们不是有效率的人，带有一些诗人的气质。他们不能进行创造，却可以做出评判。我把所有的个人主义者——不管是实践派的，还是理论派的——都看成平民大众，即所谓的士兵，以区别于那些有头有脸的官员。对他们而言，人生就是一门学业，他们担任的是学生的角色，而不是教师的角色，阅历对他们最为重要。他们都在上帝的学校学习，正为某种神圣的事业做准备。他们的目标就是认知事物，因此，手段并不重要。他们做的工作必不可少，帮助年老体弱难以维系生活的人生存下来。虽然理论派的个人主义者在人数上处于劣势，但我想，在这个世界上，两者都应占有一席之地，也必须占有一席之地，因为他们共同的特点就是不求进取。如果他们在国家中处于多数地位，这个国家就会变得单纯、耐心，却没有抱负，往往会成为另一个朝气蓬勃国家的膝下之臣。历史上的印度帝国就是如此。日本的发展，代表了从思想派国家转型到实践派国家的奇怪进程。令人惊奇的是基督教，其本质上是一股善于思考，摒弃武力和爱国主义，没有抱负的力量，是典型的东方民族的类型，竟然经过神奇的突变，成为了充满活力和创造力，嗜好征服的国家宗教。毫无疑问，基督教的本质，在于其纯朴的思想，它是通常意义上的文明的强敌。它的目标是通过提升个人改善社会，而不是通过社会的力量提升个人。基督教促进了近代智慧，因为它天生不崇尚爱国主义，或者更准确地说，它崇尚的是兼收并蓄的爱国主义，而不提倡国与国之间的对抗。我不想为自己找些冠冕堂皇的理由，我之所以超然世外，根本不是奉行克己利他思想的缘故，而是自己刻意追求默默无闻的结果。然而，我仍然认为，衡量一个国家的生命力和精神力的标准，不是根据这个国家机构的行为，而是根据它所拥有的那些性格质朴、品格高尚之人的数量。因此，就我个人而言，虽然性情和环境已为我作出了选择，但我不会为自己怠于行动而心生愧疚。单纯的行动，不但不会起到作用，还有一点风险，它往往让人自鸣得意，想当然地认为自己在追寻一条光明大道。而实际上，它却正在陷入陈规旧礼的罗网。平静的生活也有风险，它会让人变得懒惰、懈怠、萎靡、消沉和懦弱。但我认为，平静的生活可以培养人谦虚的品格，能让上帝每天的信息随时深入灵魂。归根结底，它最大的风险在于，容易让人自我满足、不思进取。如果满足于现状，当然就没有任何更高的追求了。如能以坦然的目光看待周围的一切，就会知道，生命是短暂的，因此就没有了多少变数。因此，改善生活就成了最完美的理想。还有一个理想，比改善生活稍逊一筹，就是希望实现更高程度的和谐，但这也远胜过黯然默认那些难以理喻、令人悲伤的失去。

1890年7月18日

一位新朋友

我结交了一位新朋友，他的言行有一种神秘感，让我感觉，似乎冥冥之中上天安排自己来到此地与他相识。他是一位孤独的老人，常年卧病在床，住在离我家一两英里远的小庄园。莫德只听说过他的名字，从未见过他。他给我写了一封很客气的信，为自己不能前来拜访道歉，希望我们去见他。

他的房子坐落在村边，朝向教堂，是一座灰色的石头建筑，有许多小山墙，房前是一个长长的铺着石板的门廊，两边是石球搭起的柱子。房后有个花园，花园后是一丛树林——整个地方极其安静而美丽。穿过一个小客厅，我们走进房间。一位和善、朴素的中年妇女出来迎接我们，虽然看神态和打扮属于贵族派的，却没有任何世俗的感觉，给人一种焕然一新的亲切感。她说，她叔叔状态不太好，但她想他还是能出来见我们的。她留下我们独自待了一会儿。古老的房间最突出的特点，就是它的整洁和温馨。房间装饰得很简单，甚至有些地方还未装饰，却有一种古色古香的沉稳气氛，不禁让人想起它久远的历史。这位女士不久就返了回来，笑着说她叔叔愿意见我们，但是得一个一个的单独会见，因为他非常虚弱。她先领莫德进去的。不久，女士返回来，陪我到花园散步。

花园散步

花园，一如房间的品位，布置典雅、精致。可以看出来，女主人对花园有着诗人一般的深情，她对所有的花都耳熟能详，谈到它们时就像谈论自己的孩子。她说这种花任性，没有耐心，必须好好养护；说那朵花需要娇宠和温柔。我们一直走到树林。夏日的树林枝叶繁茂，中间有一个小凉亭，女士说她叔叔常常坐在这里，鸟儿也不时造访，唧唧长鸣。

“它们到处都是，正从树叶中偷看我们呢，”她说，“但它们害怕陌生人。”

的确如此，到处可以听到鸟儿柔情的叫声和树叶的沙沙声。一条老狗和一只小猫跟着我们，她让我注意小猫。

“你看皮帕，它铁了心跟着我们，却假装不是这样，好像它自己出来溜达，然后很意外地在花园里碰到我们似的。”

听到提它的名字，皮帕带着神秘而凝重的神态，快步躲进树丛，在树丛中观望。我们继续向前走时，皮帕又一下子跑到我们前面，趾高气扬地在前头带路。

“它很乐意玩这些小把戏，”女士说道，“可怜的老鲁弗斯却不会玩，也不会装腔作势，它很低调，往往用最普通的方式表达陪伴我们时的兴奋——它身上没有一点贵族气息。”

老鲁弗斯抬头向上看了看，谦卑地摇了摇尾巴。

老先生

不久，就开始谈到她叔叔，她想用最简短的话概括他。他叔叔是这个古老家庭的最后一位男性继承人，一直在这里拥有一块地产。他曾在牛津大学有过辉煌的事业，但没多久就遭遇了车祸，终身瘫痪。他定居在这儿，本不打算长住，却一直待到了现在——古稀之年。虽然他瘫痪不能行走，但这里的日子是最平静的，她说，他过得非常幸福。他博览群书，投身于当地的事务管理，但有时，几周的时间他都不能做任何事。我后来知道，她是他唯一在世的亲戚，从童年起就与他住在一起。

“你可能想不到，”她笑着补充道，“他这种人在朋友面前表现得魅力无穷，结果却像《小杜丽》[①]中的主教加斯贝，他的神威跟力士参孙[②]一样仰仗自己的头发。但他根本就不是这样的人，还是你自己去发现他到底是不是一个有魅力的人吧。”

她的话中带有些许对男性的揶揄和调侃，让我喜欢上了她。我们回到房间，她说虽然他喜欢一下午见两个人，但对他来说有些劳累，所以必须得限制一下。

“他的病，”她说，“病因不明，就是神经系统缺少足够的活力。医生给出了药方，但似乎不能彻底治愈，也不能减轻病症。他很坚强，无论身体还是精神上，但哪怕一点点劳累也会让他犯病。虽然贴心的侄女说他体格强健，但犯起病实在吓人。”

一次谈话

我们走进一个小书房，里面摆满了书，窗前放着一个大写字台。房间有

①英国著名批判现实主义作家狄更斯第11部长篇小说。

②《旧约·士师记》中的大力士，他的力气全来自于头发。

些昏暗，脚落在地板上，发出轻柔的声响。房间里没有豪华的陈设，唯一的一幅画像悬挂在壁炉上方。房间里也没有任何的装饰，只有一束玫瑰花放在桌上的花瓶里。我看到了这位绅士，他旁边放着张小矮桌，桌上堆放着书，写字台被推到了一边。他身体前倾，莫德正坐在他的对面。他们似乎都在沉默，但这不是尴尬无语时的沉默，而是沉思时的沉默。可以看出来，莫德受到了莫名的感动。先生直起身迎接我。他又高又瘦，穿着灰色的粗布衬衫，几乎看不出他身体有病的迹象。他的头发浓密而花白，略显蓬乱，有着长期居住在户外的人所具有的面孔，明朗而淳朴。他算不上英俊，五官粗犷，眉毛又粗又白，胡须也已花白。他神态安详，毫无矫揉造作之感，虽不热情，但很和善，蓝色的眼睛飞快地扫视我一眼，仿佛要以最快的速度把我读懂。

“非常感谢你能来看我，”他轻柔地说道，“当然，我应该去拜访你，但看在我年长的份上，恕我冒昧了。另外，我有一个高度警惕的保护神，我是她顺从的宝贝，需要坚决执行她的命令——‘听话啊。’”

说到这些话时，他微笑地瞅着他侄女。侄女反驳道：

“真的，你想不到我有多霸道。为了显示我的霸道，我马上要带夫人离开，领她看看花园。十分钟后，还要带先生走，如果他愿意协助我，维护我的权威的话。”

老人重新坐下，笑了起来，指向一把椅子。两位女士离开了，我们开始了一次令我终生难忘的对话。

“你知道，虽然不希望这是我们最后一次见面，”他说，“但我也必须竭尽全力用好时间。如果你能有时过来看我，我就可以尽一下自己的地主之谊——也许，我们可以偶尔一起散散步。那么，我们言归正传，就不把时间浪费在客套话上了。”

他补充道：“我只想说，你来这里我感到由衷的高兴，我也向你保证，你会发现这是一个迷人的地方——我想，你很聪明，喜欢乡下，不喜欢城里。”

他继续道：“我读过你的书”他笑着说，“我不会连书都没读就和你谈论它们的，而且我喜欢这些书。可以说，你的每本书都比上一本更胜一筹，但只有一本例外”，他提到了书的名字，“这本书似乎是把以前发表过的，又重新发了。”

“是的，”我回答，“您说得很对。我无法抵制出版商的劝诱。”

“好吧，”他说，“这本书不错——随着年龄的增长，人会失去某些东西，某种青春的朝气，某种勇敢的冲动，某种美妙的思想的解放，但我们不可能拥有一切的。书的颜色取决于大脑。你的书变得越来越成熟、宽容、明智，越来越具有艺术观赏性了，可以这么说吗？最近的一本书真是让我爱不释手，佩服得五体投地啊。有那么一两天，我都幸福地生活在你的思想中，从你的眼睛中看待一切。我敢保证，这是一本了不起的书——高尚豁达，充满真知灼见——是书中的精品。”

我含糊地迎合着，他接着说：

“你也许会认为我这么评价你的书有些高高在上的感觉，但我每天都与书为伴，确信自己有天生的鉴赏能力，这主要得益于我自己没有很强的表达能力。你知道，最优秀的评论家，是那些尝试过写作，却没有成功，而且写作没有让他们变得心胸狭窄、小肚鸡肠的人。我失败过很多次，却因此更加钦佩那些杰出的作品。你现在还写作吗？”

“不，”我回答道，“什么都不写了。”

“噢，对不起，”他说，“可以冒昧地问一下为什么吗？”

“只是因为我写不了了，”我回答道。

这时，一种奇怪的感觉涌上来。这种感觉在我回答一个富有同情心的著名医生时也曾有过。这名医生当时负责为我治病。我本应憎恶这些问题，可是我非但不憎恶它们，而且为能有机会向这位睿智而真挚的老人讲述自己的状况而有了一种荣誉感和安全感。他低垂下目光，问我：

“最近很艰难吧？”

“是的，”我如实回答，“我们失去了唯一的儿子，他只有9岁。”

“残酷啊——”他的声音饱含柔情，让我感觉自己愿意跪在他面前，在他的膝上哭泣。他的手抚摸着我的头，为我祈祷。我们默默地坐了一会儿。

“就是因为这个你不再创作了吗？”他问道。

“不，”我回答，“我再也没有能力创作了——创作不了新的东西，只是原地踏步，重复以前的思想。”

“噢，不，”他说，“毫不奇怪。我知道，你写上一本书时是快乐的，但它一定让你过于劳累了。记得有个朋友，一位伟大的阿尔卑斯山的登山者，因征服了某个难以攀越的山峰而声名远扬——他告诉我，自己登山从没有一点疲倦感，有的只是快乐——可是，他第二天就犯了心脏病，为自己的享受付出了代价。此后几年都不能登山。”

“是的，”我说，“我的情况也是如此。但我担心，如果失去了这个爱好——我似乎已经失去了——将再也不能重新拾起来了。”

“不，不必担心这个。”他回答道，“如果有话要说，就说出来嘛，而且你说得会更好——但如果没有，感到失落也是正常的。你平时怎么打发时间？”

“我不知道，”我说，“有点浪费了，看看书，教教孩子，稀里糊涂地往前走吧。”

“好吧，”他笑了，“能稀里糊涂过日子就不是最糟糕的，人生难得糊涂。你相信上帝吗？”

他突然问这个问题，让我有些吃惊。

“是的，”我回答，“我相信上帝。我不可能不信仰上帝，是他把我放在了现在这个位置上，鞭策着我。我的后面有一个意志在支配着我，我对此深信不疑。但我不知道，这个意志是公正的还是偏颇的，是善意的还是恶意的，是仁慈的还是冷漠的。我曾有过天伦之乐，荣华富贵，但也不得不承受一些痛苦之事。那些事令人深恶痛绝到无法想象的程度，它们穷凶极恶地伤害我们内心最柔弱的情感，它们如地狱般恐怖，是对我们蓄谋已久的考验。我无法希望自己满怀勇气和信心地去承受这些考验，只能带着强烈的叛逆思想去抵抗，去忍受。”

“对，”他说，“我非常理解你。但你提到的这些深恶痛绝之事，这些穷凶极恶的阴谋，难道你没有感觉到，它们没有发生在其他人身上，只发生在你身上，这不是偶然的，而是刻意而为的吗？”

“是的，”我答道，“我明白，如果连自己都承受不了这种考验，又怎能相信它是公允的呢？为了我可爱的孩子，我会毅然承受，但绝不会为了那些铁石心肠的敌人这么做。”

“哈哈，”他笑道，“我看你现在已经热血沸腾，袒露真情了。你以为只有你一个人这样吗？我给你讲一下我的故事吧。50年前，我从牛津大学毕业，可以说，前景一片光明——所有的一切都向着一个平和快乐，积极能干的年轻人开放——我不富裕，但有足够的资本，赚钱只是早晚的事情。我人缘好、社交广泛、积极向上，对任何事情都有着浓厚的兴趣。我还有韧劲，做事能坚持到底，学历也很高。可是，一场意外发生了。我站在一把椅子上去够书，从椅子上掉了下来，卧床休息了一段时间。最开始时，我只是感觉烦躁不安。等到后来能开始活动时，却发现自己已经瘫痪了。不知道伤的是什么部位——我想是脊髓的某种机能损伤——只有针鼻儿那么大小的缺损——医生从未讲得很清楚。每次我工作稍长一点，就会昏厥过去。很长一段时间，我以为自己能挣扎着站起来，但最后，我终于意识到，因为摔伤还造成了其他部位的损坏，自己要带着这种剧痛终生卧床了。无法告诉你我所经历的是怎样的绝望、痛苦和反抗，多亏还有文学陪伴着我。我一直喜欢看书，属于所谓的有才气之人吧。但不久，却发现自己欠缺表达天赋，而且也没有获得这种天赋的希望，因为任何投入的工作都会让我犯病。我是个有理想的人，成功曾经近在咫尺——现在，我甚至都无法指望自己对人有所帮助。我尝试做一些事情，但结果都一样。于是，我陷入了深深的绝望，每日苟且延喘，无时无刻不祈祷自己早日死去。终于，全新的生活如一缕灿烂的朝阳，突然照耀在我身上，我明白了，一切都是自己的问题，这才是我的束缚。我要竭力在麻木而破碎的生活中活出精彩。无论如何，我要学会快乐，学会成为有用的人——仿佛被赋予了活力、朝气和成功的信心，我努力平衡心态，去寻找真正属于自己的生活，不让自己被湮灭或消化掉。这样，对我而言，事情就变得简单起来，我只要抵制所有想要活动的诱惑——这些诱惑会让体验生活的热情把我俘虏——要勇敢坚强、思想纯洁、充满期待、尽己所能、信仰上帝。这算是一点心得吧，它令我受益匪浅。不久，我明白了，这是一个多么贴心的礼物，因为它给予了我家的寄托。任何兴趣和娱乐都已抛弃，因为最简短的拜访，最轻微的劳心都已成为奢求——甚至车辆发出的刺耳声，都会令我感到烦躁不安。说不出经历了何等漫长的过程，我终于获得幸福的感觉。现在，回顾过去，我发觉，通过这惨痛的经历——离群索居，自我净化和自我约束——所学到的，实际上，正是获取幸福的前提，是上帝让我离群索居、净化自我、约束自我。我要离群索居，因为我的生活已危在旦夕。我要自我净化和约束，因为精力充沛的人可以拖延，甚至藐视奢侈、舒适、欲望以及物质享受所带来的惩罚，而我却不得不每时每刻，拒绝一点点的自由——因为必需，所以苦行。然而，最大的幸福来临了。多年来，我完全沉迷于孤立的个人生活中，心中所想的只有上帝和他的关怀——这已非常美妙了，让我充满了希望——这时，我发觉自己与周边的人关系越来越紧密了。这多亏了我侄女，她小时我收养了她，她属于那种能够很自然地融入他人生活，与人融洽相处的人。我逐渐认识了这个小地方的所有居民——用你的话就是，淳朴的乡下人——他们与世界上其他任何地方的人一样，情感丰富、睿智风趣。如果你认为他们没有趣味，只能说你不了解。若能直接坦率地与人交谈，就仿佛穿过了那扇关闭的大门。回首过去，我知道了，我为上帝所用，不仅是他出于同情和漫不经心的温柔，而是他的有意而为，是出于他苛刻而无所不在的爱，这是他强烈而亲密的爱的表达。如果能看到这一点，就会明白，上帝对所有人都是一样。我们的弱点、缺陷和品行，无论好与坏，都代表了上帝焦急而刻意的关怀。为什么我们当中有些人会触礁搁浅——这也是上帝出于爱意和仁慈施予我们的恩惠——就是因为他们不能每时每刻与上帝站在一起。每当那声音响起，‘去做这件事吧’或者‘不要做那件事呀’，我们都会不耐烦地回答：‘啊，可是我已有了其他的安排’。这时，我们必须做出让步。上帝每天、每时、每刻都在敲门，一旦打开房门，请他进来，就要摒弃其他的欲望，竭尽全力按上帝的意愿行事。”

问题所在

他沉默了一会儿，目光深邃，陷入沉思。他接着说：

“你周围的一切，你写的书、你的妻子、你的言谈、你的脸都告诉我，你真的离上帝指明的道路只有咫尺之遥——只要往前走，不管一步还是两步，你就彻底自由了！”

说到这里，他仿佛感到有些精疲力尽，向后背靠去，休息了一会儿，然后接着说：“请原谅我如此坦率地谈话，但我时刻感到自己已时日不多。见到你时，甚至在见你之前，我就毫无疑问地确信，应该为你传递一些信息，一些关于希望和耐心的信息。”

写到这里，我为自己无法逼真的把老人表现出来而感到失望。我写的这些话，总感觉有些突兀，甚至牵强。然而在当时，这些话既不突兀，也不牵强。老人的言谈自然平和，笑容如父亲般慈祥，柔弱的手几乎没有打过任何手势，很好地弥补了他体力的不足，缩短了我们之间的距离，让我有一种相见恨晚的感觉，感觉他如父亲一样能看到我的需要，无论我是什么，也无论我会怎样，都无法阻止他对我的爱。这时，他侄女走了进来，把我带出房间。

上帝的旨意

在我和莫德回家的路上，谈到了各自的感受。她说，老人与她简单地谈了埃里克，“我不知道怎么回答，”她说，“我告诉了他自己内心所想的一切，似乎他也早已知道。”

“是的，的确这样，”我说，“他使我真心地想与众不同——这么说还不太确切，因为他使我希望成为的不是外在的某人，而是内在的某人，一个一直从心底想成为的人。我以前好像从未想过宗教的含义，宗教就仿佛像外衣一样随身而行。但现在，宗教俨然成了世界上最自然、最简单、最美妙的事情。事实上，所谓宗教，就是成为我们自己。”

“对，说得太对了，”莫德应和着，“我不知道该如何表达出来，但这就是我的感觉。”

“的确如此，”我回应道。

启迪

突然发觉，人生不再是发生在我们身上的一连串的事件，而完全是我们自己本身。人生不是服从、做事和表现，而是应该成为什么样的人。哇，这真是一次美妙的经历。然而奇怪的是，老人没有告诉我任何我所不知道的事情，他强调的只是上帝在我们心中，而不是上帝与我们同行。过了一会儿，我接着说："如果从未见过老先生，就无法体会到，他的所作所为要比一百次交谈、上千本书籍都更有意义，就好像有了圣灵降临①时，一切都突然之间豁然开朗的感觉。"这种感觉难以言喻，是自由的升华，是真心诚意地与上帝的合作，它已深深驻入我们内心，伴随着我们，直至永远。

不敢说生活因此变得容易，乌云已经消散，再没有沮丧消沉的时刻，但的的确确，这是我人生的转折点。曾经的那条路引领着我，走向深渊，越来越黑，越来越深，似乎已触到谷底。现在，我马上就要在这黑暗之中触底反弹，逆势而上。而这一切都得益于在一个和煦的夏日的午后，在一间墙上装饰嵌板的书房里，一位坐在书丛中淳朴而孱弱的老人所说的一席话。

---

①复活节后的第49天，因为据说使徒们就是在这一天耶稣降临以后开始传教的。

1890年7月10日

新的生活

在这个寂静而炎热的下午，我一直坐在草坪上，躲在古老的酸橙树的树荫下乘凉。酸橙树的芳香伴随着微风不时传来，不知疲倦的蜜蜂在周围嗡嗡作响。除了这令人昏昏欲睡的声音外，四周一片寂静。炙热的太阳躺在古老的房屋上，躺在花园四周修剪整齐的篱笆上，躺在果园里茂盛的树枝上。我仿佛进入了奇妙的梦幻，梦中的一切都那么平静而惬意，只希望这甜美的时刻停下脚步，陪伴我直到永远。麦琪陪我坐了一会儿，一直看着书。我们两人都没有说话，感受着在一起时的快乐。她不时抬起头，冲我笑笑。过去常常困扰我的那种感觉：必须让自己忙碌起来，必须做些事情，必须思考些事情，今天一点儿都没有出现。不是因为我思想没有以前活跃，恰恰相反。我在这里有许多事情要做，虽然似乎是琐碎之事，不值一提，而且大部分是关于村里和教堂的事务。我的写作事业俨如一种梦幻，远远地隐退到过去，我甚至没有计划再去开始。我也教书，不只麦琪一个人，还有本地的一些孩子。他们已经毕业，但还是愿意晚上过来听我讲课。我结交了许多朋友，相处得很好，有一种被人需要的幸福感。最高兴的事情莫过于，那种如中毒般的烦躁感已从生活中消失了。过去，总像拉紧的绳子一样忙碌着，一本书一写完就忙着写下一本书，从未满足过现状，总是寄希望于未来带给我似乎缺失的满足感。当时没有意识到这些，因为写书时我是快乐的——但现在看来，这充其量只是一种甘于遭受折磨、喜欢奔波忙碌的快乐。深深的悲痛——对我意味着什么？一件美妙之事，充满希望和忍耐，教会我珍惜每一时刻，坦然面对生活中苦涩的经历，不轻易粉碎美好的一切，不再把它们像枯枝败叶一样丢弃，而是要冷静地、热切地从此时此刻中获益。无论是即将承担责任时的临阵退缩，还是在面对拽着你的手臂、一遍遍恳求你起身前行时懒惰的拒绝，都有其意义。拒绝快乐，打破慵懒的空想，承担微不足道的责任，都需积累何等的力量啊！因此，没有任何负担过于沉重，过于笨拙，过于光滑，过于丑陋，唯一需要的就是我们勇敢的承载。车轭不是问题，因为我们可以用信心装载，而不必超负荷地耗损能力，穷竭希望。再不必从城堡高高的窗口遥望人生，甘愿感受它的平凡和丑陋，而不去与真实的人生交融。现在的我，就在人生之中，我就是人生。我那古老的艺术梦想，那无比神圣的膜拜，那寂寞中的狂喜，都变成了什么啊！噢，它们都在那里，神奇地流入生活，如一眼溪水注入河流，不再像水中漂泊的树叶任人拾取。我把精力从艺术转向生活，充实和丰富了生活，提升了洞察力，也升华了快乐——挥霍我狂热的欲望，耗尽我的心血。那么，我对自己扮演的角色感到满意吗？我想，自己的才能已得到了发挥，也为辛苦劳作的人们提供了帮助。我真的是这么想的吗？

心灵的成长

过去，我常这么想，或认为自己是这么想的，但现在，我明白了，我一直走在虚荣的幻境，为自己的欢乐服务，享受自以为是的满足。并不是说过去的辛苦白白付之东流，或者现在的工作与过去有何不同，而是说，过去是刻意而为，对言谈举止和行为场合过分关注，现在，都已转向了心甘情愿地为上帝服务。也许，不，是确定无疑，有很长的路要走，很多事情要学，但我已恢复了元气，生活充满阳光，平坦大路就在眼前，只需头脑清醒，缓缓前行。生活，如穿插在光与火之间轻柔、美妙的插曲，过去所没看到的，现在已然看见。我看见生命在压抑和沉默中，在苦涩和失去中缓慢燃烧，渐渐枯萎——然而，当我感到殚精竭虑之时，当身体如霜打的叶子萎靡不振之时，生活却最为活跃，灵魂已展开双翼，振翅翱翔。也正是在这个时刻，生活燃烧得最为猛烈，把佯装抵抗的我从身心的愉悦中硬拉出来，投入默默燃烧的火炉。真奇怪，之前竟然没有认识到这一切！现在我已明白，在所有破碎残缺的生命中，所有看起来庸庸碌碌、无所作为的生命中，同样有炙热的火苗在熊熊燃烧。他们之所以不能像鲜花一样在自由的空气中绽放，就在于它们坚强的树根顽强地插入地下，穿过冷漠的缝隙，与岩石缠绕在一起。是的，的确如此！炉中的炭火，被动而炙热地燃烧，虽然只是默默地承受，却也是一种力量，俨如在跳跃的活塞中或飞驰的车轮下跃动的力量。灵魂不会在喧嚣、胜利和成功中成长。当身体狂欢的时候，当思想大肆挥霍的时候，灵魂坐在一个阴暗的角落，像一只蜷缩的蝉蛹，身体如死尸般僵硬，正沉浸在黄粱美梦之中。当胜利不再甜蜜之时，当双颊苍白、目光深沉之时，处在黑暗中的蝉蛹会打开身体，五彩斑斓的翅膀开始展开、发光，在天堂之光的照耀下显得格外晶莹剔透。我的灵魂已插上翅膀，蓄势待发。长期的煎熬让它有些昏眩，也许，它会在花园盛开的鲜花上和甜甜的花蕊上盘旋；也许，它会飞过花叶，越过树林，来到我渴望的内心。谁知道呢？然而，在这些阳光明媚的时刻，在我的周围，生命的脉搏在缓慢而坚强地跳动，似乎在为一个饱受心酸的人酝酿着什么。在夏日的空气中，希望悸动得多么轻柔啊！树丛中小鸟的耳语声，树叶的沙沙声，昆虫的鸣叫声，交相呼应，融成一曲多么和谐动听、神秘委婉的乐章啊！在爱与信任中，我等待着。似乎有人在走近，穿过花园的小树丛，来到树荫中。在夏日的阳光下，鲜花骄傲地向上凝望。我注定要与他相见！他呼唤我的声音，是高亢，还是低沉？

1890年8月25日

莫德病了

最近，莫德一直在生病，不知病情如何，因为她总是表现得很乐观、很坚强，从未埋怨，也未懈怠。但最近有好几次，我发现她一个人坐在那里，一副若有所思的模样——这不像她的一贯作风——脸上笼罩着难以觉察的阴影。我们这种新奇而甜蜜的伙伴关系，也在她生病的这段时间加深和巩固了。这么多年来，我似乎一直与她形影不离，但近来发现她好像换了一个人似的，或许我们两人都有所改变，但我却没感受到自己的变化。

心灵的归宿

现在，莫德表现得更宽厚、更坚强、更深沉，仿佛升华到更纯洁的高度，看到了以前从未期望或梦想过的地方。但她并没因此而产生距离感，似乎一直在与我分享更宽广的视野。她不善言辞——可能在过去，我思想如恣意流淌的喷泉，无须迎合、无须交流。她有着独特的才华，能够透析层层迷雾在复杂多变中发现问题的实质，往往一语中的，入木三分。近来，她身上更增添了一些深厚的韵味，变得宽宏和睿智起来，这是我从未看到过的。虽然非常清楚她的判断力或品行，但我想我低估了她的智慧，这让我有些懊悔。自认为长期浸润于精神世界，却未想过它真正能解决多少问题，只是在狭小的领域自娱自乐。我发现，这种智慧莫德一直都有，只不过我未觉察而已。但现在，我已从精神世界中走了出来，认识到高智商要比想象中的更加令人钦佩。我遵循的信条是，生于艺术、死于艺术。因此，过去常认为精神世界是唯一重要的世界，但现在隐约地认识到，思想只配站在灵魂的门口。艺术家也许，不，确实，经常借助于自己长期培养出来的认知力，认知在灵魂的归宿里发生的事情。但是，他只是作为一名在某个庄严时刻在教堂中跪拜的人在认知——他看见了牧师的手势和动作，目睹了陌生的仪式，听到了庄严的祷告，感受到了源源不断的内在的精神力量。但在祷告过程中，那些波澜不惊的深意，那些来自于上帝的炙热的光芒，都已化为凡尘，归于平淡——他却无法认知。那些牧师，专注于神圣的工作，常常会有所感悟，却不愿表达，更不屑表达，这是对令人敬畏的神圣奥秘的亵渎。艺术家把自己的感知表达出来并不算亵渎，因为他可以成为象征符号的阐释者，向遥远的人们进行阐释。但他不是奥秘的参与者，他是观察家，而不是实施者。令我感到惊奇的是，莫德认为，事物的本质和内在的情感都是真实的，她可以把自己、把所有为我付出的爱，都通过思想表现出来。我总自认为，请上帝原谅我这么说，自己的工作比她的工作更高一等。我真的很爱她，但思想上仍有一种居高临下的感觉，俨然像在爱一个孩子或一束花朵。现在，我知道了，她一直在默默地领先于我，是她在一路帮我前行。我如同一个被宠坏了的、任性的孩子，她却像是和蔼可亲的妈妈，一直在倾听我的唠叨，将无限的爱心与耐心，奉献给了渺小而跳跃的梦想。我简单地告诉了她自己的感悟，虽然她表现得谦虚大方，对我说的极力否认，但我为自己能找到与她的差距，为看见——多么模糊不清而又残缺不全啊！——一路走来她对我的恩情而感到由衷的幸福。向她坦承一切，是一种快乐，但也让我深感愧疚。现在，能为她分担忧愁，满足愿望，更是一种特殊的快乐，是一个我能给予、她也愿意接受的奉献。过去，我从未想过这些事情，因为她总能未雨绸缪，计划安排好一切。

终于，我劝动了她，到城里去看了病。我们计划到国外待上一段时间。如果可能，我自己挣路费。如果不行，我会牺牲点积蓄，然后再出版几本应景之作，填补缺口，尽管我并不想靠自己的名望和充数的作品挣钱。我对她的病不十分着急，她病得很轻，就是人们常说的缺乏调养。她好得很快。虽然我也感到焦虑，但能为她做些事情的这种感觉战胜了焦虑，带给我快乐，这种快乐把我们紧紧地连在一起，一分一秒也不分离。

1890年9月6日

生活的阴影

生活的阴影又一次笼罩上来。医生明确地告知，莫德的心脏有问题。医生还说，虽不是器质性问题，但她必须像病人一样生活一段时间，并且不能劳累操心。医生说的肯定而平静，尽管莫德比她平时表现得更加镇静，但我却无法把恐惧抛之脑后。她说，她知道自己过于透支身体了。医生禁止她再去操劳，她也毫无怨言。我们静静地在家休养，等莫德病好以后再去国外。莫德一般不下楼，她只被允许散散步，我一般在上午要给她读好多书。

麦琪

令我们感到骄傲的是，麦琪承担起了管家的职责。女人做这种家务事的本能真让人吃惊。男人宁愿生病，也不愿费心费力地操持家务。女人不在乎自己的身体，虽然她们宁可吃饭糊弄，烟灰缸带进卧室，做事粗枝大叶，但她们有天生的本能，不用男人告诉，也不用男人叮嘱，就知道男人的喜好。培养这种本能，一定经历了几百年的时间吧。家里的这种新分工，给予了我更多的责任去关心麦琪的世界。下午，我和麦琪就被打发出来，因为莫德喜欢独自跟邻居见面。这些邻居，无论老老少少，都来看望莫德。她现在已经不能再去看望他们了。莫德坦率地告诉我，我的出现只会让邻居感到尴尬。这样，我就获得了另外一种快乐，一生中最美好的时光，难以用语言表达——与这个冰清玉洁、天真聪慧的女孩亲密相处。麦琪的思想如鲜花般盛开，她会把自己所有的想法毫无保留地向我倾诉。我们每次都是一小时接一小时地散步。孩子挽着我的胳膊 ，美丽的大眼睛凝视着我，充满爱怜和柔情，脚步轻盈地走在我身边。受到她如此的珍爱，我仿佛品尝到了一生中最为纯洁和甜美的爱情，感受到了初恋时的狂喜。这里不夹杂任何人类急迫而饥渴的欲望，它只会让这真爱蒙上阴影。我的内心涌起强烈的渴望，要为她铺平人生的道路，不让她遭受任何痛苦的打击，让美丽与甜蜜永远簇拥着她。我想不出世上还有什么爱可与这种父爱媲美，因为它慷慨而充盈，没有私心，不求回报，只希望她与我一样珍视。她的憧憬、希望和梦想——难以言喻，却又多么美妙动人啊！今天，她对我说，可能永远不会结婚，失去自己的孩子真的很可怜。

“我不要任何人，真的，只想要一些顽皮的孩子，逗我们开心。”

她想象力丰富，我们常做的趣事就是讲一个我们称呼为皮克福德家庭所经历的冗长的冒险故事。我已忘了他们的名字、年龄、故事的来龙去脉，但麦琪却记得清清楚楚，丝毫不差。故事中的人物，在她看来，就是生活中的真人。在他们遭遇不测时，她会痛苦不堪，所以我不得不想方设法把灾祸避开。皮克福德一家的生活一定很幸福，这种生活只有那些为温柔、细心和宽容的上帝所创造并监督下的人才配拥有。这与真实的世界是多么格格不入啊！但暂时我还不想让麦琪回到现实生活中来，因为现实会毫不犹豫地向她倾泻焦虑、疲惫和悲伤啊，怎么会这样！或许有些人指责我，说对孩子严格管教会让她胸怀大志、精神振奋、健康向上。但我却不这么认为。我宁愿生活只有温情与甜蜜——那么，当她必须面对生活的艰辛时，就会感受到这些温情与甜蜜的力量，它们真实地存在于生活当中，仿佛正躲在乌云背后期盼着她。我不想粉碎她的梦想，只想让她建立起对幸福与真爱的信心，坚不可摧的信心。无论如何，这比持有坚忍地面对生活的态度更胜一筹，因为那种生活态度高估了人的忍受能力，会让人期待枯燥乏味的生活，也会让乌云遮住太阳。人的忍耐是本能，而爱的能力需要培养。

1891年2月6日

对麦琪的打击

翻开这本日记已是几个月前的事情，在这段可怕的日子里，它一直孤零零地摆放在书桌上。我写日记是习惯使然，今天却不知如何落笔，因为我现在只剩下惊愕与麻木。再也无力承受，只会对自己苦笑，如书中的人物一样，在人生抛锚时苦笑，在遭受接二连三的打击时苦笑。我知道他为何苦笑，他本已万分恐惧，所以当恐惧来临时，他已再无恐惧，因为他已感受不到恐惧了。

今天晚上，我无聊地拾起搁置已久的日记。或许，这是个迹象，一种微弱的渴望，想要记录下生活归来时的声响。我心潮起伏，不能自已。这本日记也许会为后人读到，会为一直认为自己的悲伤绝无仅有之人所读到。他们就会知道，在他们之前，已有另一个人处于幽暗的深谷中，雾色茫茫中到处都是蹒跚而行的朝圣者。他们跌倒，爬起，再跌倒，再爬起，忍气吞声，惊恐万状。这种情景既不是承受，也不是忍耐。莫德离我而去，她走时没有留下一句话，哪怕是一声叹息。那天，她声称自己感觉比平时都好。她病情确实在好转。她与我和麦琪一起散步，走了好几百码，然后独自回家了。我最后一眼看到她时，她正站在拐角处向我们挥手，然后在视线中消失。我庆幸自己回头看了挥手微笑的她。对将要发生的事情，我根本没有料到，甚至连一丝预兆都没有，而且那天我的心情也比最近这段时间都要轻松。回家时，我们被告知她累了，上楼躺一会儿。她没有下楼喝茶，我就去楼上找她，发现她躺在床上，头枕着手——已经走了。她的身体那么安详、坦然，想必她走时没有丝毫的痛苦。她原本只想躺下休息，谁知就真的永远休息下去了。即使最寂寞、最沮丧之时，想到她以如此平静的方式离世，我的心也感觉十分欣慰。如果知道自己也要这样在安宁与愉悦中离去，我定会心情豁然。

但这种悲痛，这种打击，却让我那一直沐浴在爱河中的可爱的女儿麦琪难以承受，虽然我也同样感到悲痛与绝望。日子一天天过去，我莫名地感到，必须收藏好自己的悲伤，沉下心来，保护和扶持这个孩子。虽然人常说，伤心不会让人死去，但我知麦琪的心已四分五裂。她一病不起，脆弱不堪，惹人无限怜爱。我只有一个想法，把她从痛苦中解救出来。这是一种需要摒弃的自私的想法吗？也许是吧。我心中的每一个触角都在伸展，要把这孩子紧紧包住，拉到自己的身边。她是我现在仅存的一切。在某种意义上，她是我唯一不可失去的一切。然而，她正慢慢地淡出了生活，她自己却不知道，还以为自己过于疲倦，无法让生命延续。我唯一的渴望就是把她留在身边。直到最后，看到她如此疲倦、虚弱，我只好屈服，放走渴望，让上帝带走了她，上帝好像也在等待我的默许。

孤独

现在，我已孑然一身。我鼓起所有的勇气，坦诚地说，我没有一丝的自怜和反抗。生活黑暗如渊，我不够坚强，不想死去， 甚至都没有死的欲望，当然就同样没有了希望。他们三个人似乎永远陪伴着我，在我的周围、在我的脑海中、在我的梦里。埃里克去世时，我常常带着颤抖和沮丧一天天惊醒。现在，早已有了天壤之别，我连自己的所作所为都无法诉说。过去，哪怕最为渺小的事情都会让我久久地坐在家里发呆，一小时接着一小时，既不看书，也不思考，只是木木地凝视着火苗在炭火上摇曳，或者呆望着红红的炉火向四周吐着火舌。

阳光明媚的早晨，我会坐在花园里，木然地看着周围发生的一切。树枝铺展开叶子，雪花莲推开了土壤，画眉鸟寻找着草场，知更鸟从一条枝桠串到另一条枝桠，云彩瞬息万变，光线慢慢转入暗淡。生存还是死亡，我都没有了动力。回想起与麦琪一起散步的时候，她飘逸的头发，以及她亲昵地依靠在我身旁的场景，仍然历历在目。我坐在这里，就像过去读书时坐在莫德身边一样，看她的面容随着情节变化。她目光清澈，双手娇柔却有力。我似乎刚从一个悠长而甜美的梦中醒来，看到的都是同情，在不时过来探望的人们的脸上和话语中，在那些忠诚的女仆对我焦急的关怀中。但我想，如果接受这些同情，我会感觉不太真诚，因为我不需要同情。或许世上还有未竟之事，否则，似乎没有任何理由让我留在这个世界苟延残喘。老先生一直对我很上心，我几乎每天都去看他。他似乎是唯一理解我的人。对我的悲伤，他几乎只字不提。他曾说过，不该谈及此事。他说，以前我像一个在另一个孩子帮助下学习的孩子。但现在，我是在老师的帮助下学习人生之课。也许如此。但老师有一个胆怯和愚钝的学生。天啊！这个学生甚至连字母都不认识。无论上帝高兴与否，我都不在乎。我遵从神圣的旨意，既没有疼痛，也没有埋怨，只是感觉自己一定在某个地方犯了一个巨大而致命的错误，一个难以置信、无法想象的错误，以至于让我感觉余下的一切都无关紧要。好像——我无意冒犯上帝——上帝都对我的所作所为惊愕不已，再不愿给我这个受到惊吓的沉默而麻木之人以致命一击。

与老先生在一起时，他谈的都是平常之事，一些关于古代的书籍和思想方面的事情。有时，当我感觉疲惫得不想再开口时，他会讲述他年轻时美丽的往事，我像孩子一样认真地聆听着他那低沉的声音，往往在故事结束时感到一丝遗憾。日子就这样一天天过去，不能说我没有快乐，因为在那些点点滴滴的琐事、景象和声音中，我找回了难得的童趣。只是我的感觉似乎已被温柔地给了一刀，让我变得木然，太阳升起时我高兴，太阳暗淡时我悲伤。

几天前，读到一本我以前的书，简直不敢相信这本书是我写的。书中的声音似乎是由一个很久之前认识的人，在他意气风发的时候所发出来的。我为自己敏捷的才思，独到的见解，为自己娴熟流畅地阐述世界的信心，感到既幸福又吃惊。现在，我无论如何再也无力去阐释，也没有这么做的欲望。我带着玩世不恭的笑容等待着，看上帝是否能在这纷繁复杂的万物中理出头绪。我像一个正在窥探脚手架的孩子，只看见如林的杆子围成的房间，以及那些上上下下运送物品的吊篮。孩子会想，这奇怪的混乱，这无用的匆忙，到底有什么用呢？

哎，无法继续写下去了。心中涌起了一股疲惫感和徒劳感。我要回到花园，尽情地欣赏那些美景。我心存麻木无语的感激，只希望不要让我做什么单调枯燥的工作，因为那会打扰我漫无边际的遐想。

1891年2月8日

等待

上午，试着看了一遍莫德放在储藏柜中的书信。里面有我写给她的情书，都用丝带仔细地扎在一起，还有她父母的来信，有我们出门时孩子写的信。我读了起来，心被无名的剧痛紧紧抓住，泪水意外地从眼中喷涌而出。我似乎已木然，我憎恨这些情感的宣泄。无奈之下，只得把信件收好。我为何这样自寻烦恼呢？

幻象

如古诗颂道："不再会有悲伤和哭泣，过去的一切将永远消失。"[①]我似乎在慢慢感受到这些。为何还心存顾虑呢？我只是无法克制自己。又重新翻出了书信，一直读到深夜，像在读一个古老而美丽的传说。突然，幕帘拉起，我看见了孤独的我，看见了我所失去的一切。一直毫无意义地折磨着我的剧痛，因忍不住寂寞哭泣着跑了出来。"那一切都是我的"，长久冰冻而麻木的心开始融化。悲伤，如惊涛骇浪般袭来，拍击着我，就像波涛拍打着

①选自《圣经·启示录》，原句为：上帝将会擦去他们眼中的所有泪水，不再会有死亡，不再会有悲伤和哭泣，也不再会有任何痛苦，过去的一切将永远消失。

岩石耸立的沙滩。我陷入了癫狂的状态，往昔的种种场景，纷纷残忍而大胆地展现在我眼前，走马灯般地旋转。难道我残存的气力和生命，就是为了让自己稍稍休憩，好在醒来之后跌入更加痛苦的深渊吗？我只想让她们复生回到我的身边，哪怕只是短短的一刻；只想再次感觉到莫德的脸颊贴着我的脸颊，麦琪的手臂挽着我的脖颈；只想让她们穿着光明之衣满面笑容地站在我身旁。似乎在梦幻中，我看见她们依靠在一扇窗前，窗户位于迷雾笼罩的空旷的城堡之上。有一段台阶，从雾色缠绕的岩石中伸出，一直延伸到城墙的后面。台阶上，浓雾中，一个接一个的人现出身来，步履蹒跚地向上攀爬。窗户后，她们三人，面带笑容，相互挽着手臂，在好奇地观望。难道我不想爬上台阶吗？也许，我现在，正在她们的下面，在岩石及树叶上挂着湿湿的露珠的地方。为何我无法解脱自己呢？不，如果带着激情与怯懦，匆忙地爬上台阶，也无法看到她们的面容，她们会把目光从我这里移开。除非她们迫切的需要，否则，我不会来到她们面前。晨曦渐渐来到这个沾满露水的花园，鸟儿在树丛中轻唱，这时，我才头晕目眩、失魂落魄般踉跄地回到床上。唉，又一场噩梦不断的长夜，又一次痛苦纠缠的醒来。我终于知道，自己失去了什么。

1891年2月10日

一个寓言故事

“只要认识到上帝就是爱——完美之爱，”牧师边戴手套边说道，“一切就变得坦然了。”

他要赶回去喝茶，我们于是结束了这次尴尬的会面，留下我一个人。他是位善良的好人，陪我聊了二十分钟。他眼中含着泪水，因此让我格外珍视这种人与人之间的友谊，远胜过他说的那些常规性的鼓励。他声音轻柔，好像在对病人说话。他没有提到任何凡尘俗世，因此我很感激他的来访。我确信，他对来访还是心存忌惮的，但他之所以来了，既是出于怜爱，也是出于职责。不管怎样，都是出于好意。

“完美之爱，的确——只要我们能感受到爱！”我坐在椅子上沉思着。

好像是在图画中，我看见一个孩子，在一所富丽堂皇的大户人家成长，抚养孩子的是一个意志坚强、不苟言笑的男人，他对孩子极尽宠爱，慷慨地给予孩子爱和温柔、安逸和甜蜜，与孩子一起欢笑游戏。所有的这一切，孩子都心安理得地接受，从不知其是怎样与众不同。孩子总是急不可待地去见他的这位监护人，享受与他在一起的时光，每每离开时总是恋恋不舍。

孩子与花园

然后，在我的寓言故事里，我看见有一天，孩子跟以往一样在花园里玩耍，他注意到有一条绿色的小径，小径的上面是由漂亮的树叶搭成的拱门——他以前从未见过—— 一直通向远处的幽僻之处。孩子几乎不知道花园里有什么地方他不该去，监护人只是告诉他不要离开这所房子，但孩子对这些只是有点似懂非懂的模糊印象，从来没有人明确地指给他看，或者告诉他玩耍的禁区。所以，孩子带着探索奥秘的好奇，满怀兴奋的心情，沿着小径走了下去。不知不觉间，来到了一座更加宽敞漂亮的花园，花园的地上、树上长满了鲜美的果实。他不停地采摘，尽情地享受着这些美味。在花园的尽头，有一座两层楼房，像一个凉亭。孩子手捧着水果，向房子走去。突然，在楼房的上层窗户里，发现了他的监护人，脸上带着异样的表情，正凝视着他。孩子起初想冲动地跑上去，与他分享这快乐，问他为什么从未指给他这么美妙的地方。但看见监护人脸上凝重而神秘的表情，那表情虽不是一脸冰霜，但也是愁眉紧锁，还有他那无动于衷的态度，孩子心头一凉，感到一阵不快，就把果实往地上一扔，颤抖着跑出了花园。

晚上，当孩子与监护人待在一起时，发现监护人与往日一样慈祥，绝口未提花园里的事情，孩子也没敢多问。

第二天，仿佛花园给了孩子长久以来一直追寻的新的力量和热情，他不禁又走向了那条绿色的小径。这一次，凉亭里似乎空无一人，他又一次大快朵颐。这样的日子过了许多天。有一天，当他正要采摘地面树叶中间像珍珠一样金色的果实时，突然听到身后有脚步声。他转过身来，看见监护人满脸怒容地快速向他走来，把他打倒在地，一次又一次地打倒。最后，监护人要把他从地上拉起来，但似乎过于激愤，又把他推倒在地，任他鲜血直流，然后一言不发地扬长而去。开始时，孩子还躺在那里呻吟。到后来，他自己爬了起来，回到了家中。一直照顾他的老保姆正满含泪水地迎接他，不停地安慰他，处理他的伤口。孩子问她，自己为什么要受到这种残酷的惩罚，她却什么都没说，只说这是主人的意思，主人有时就是这样，尽管主人的内心非常仁慈。孩子躺在床上病了很久，监护人仍来看他，与他待在一起，尽心地照顾他、安慰他。然而，花园里的一幕简直像一场噩梦。监护人只字未提自己的不快，孩子也不敢多问，只是努力忘记发生的一切。

孩子

终于，孩子康复了，又可以出去玩耍了。几天后——因为恐惧，孩子一直避开那所花园——他坐在家里晒太阳，心中隐隐产生了玩耍的念头——那些老土的游戏早已玩腻了，与在天堂般的花园里采摘水果相比，简直是无聊透顶。他多想再走进花园，追逐那浓郁的芳香，那鲜美的果实——这一次，监护人又突然出现，愤怒地对他大打出手，用力将他摔倒在地。他又爬着回家，一病不起。而监护人又不知疲倦地照顾他。现在，在孩子的脑海里对这个男人越来越充满恐惧，唯恐他莫明其妙的愤怒会随时爆发，把他一顿毒打。

孩子的身体终于又复原了。在监护人无微不至的关怀下，他又变得快乐起来，似乎忘记了两次毒打带给他的恐惧。他又可以出去活蹦乱跳地玩耍了，但他刻意避开那个硕果累累的天堂。可是，那些老套的游戏实在无聊，他于是向树林深处走去，来到了枝叶繁茂的树林中。多么凉爽，多么神奇啊！树林领他一路前行。太阳懒散地依靠在树林之上，溪水潺潺，穿过林间空地。这条小径位于树丛之中，树丛遮住了远处的风景。从林中走出来是一片更加开阔的空地，他感到一阵阵惊喜与激动。一群奇怪的动物正在那边向这里凝望，它们是一群犄角分叉的雄鹿，慢慢地向前走着，边走边啃食着绿草。孩子为这美丽的景色所陶醉。不久，一只高大的雄鹿停止啃食，看见了孩子，开始慢慢向他走来。孩子一点儿也不害怕这个长着花斑的雄鹿，向它伸出了手。突然，这个怪兽一低头，扑向了他，用鹿角顶他，再把他撅起来，用尖尖的蹄子踢他。过了一会儿，在恐惧和昏迷中，孩子知道那头怪兽已经走了，他拖着遍体鳞伤的身体，一步步在林中爬行。猛然间，孩子看见监护人向他走来，就张开手臂，向他大喊，寻求帮助和安慰——监护人大踏步走来，脸上露出同以往一样的愤怒，又一次地对他拳打脚踢。监护人离开时，孩子已奄奄一息，仍不得不艰难地爬回家。老保姆在再次痛哭之后，细心地照料着他。监护人过来看他，一如既往地善良和温柔。

有一天，当监护人坐在孩子身边，伸手抚摸着他的头发，给他讲了一个古老的故事去安慰他时，孩子终于鼓起勇气，问了花园和树林里的事情。但一听孩子的问话，监护人就甩开孩子，一言不发地离开了。孩子躺在床上，心中充满激愤和叛逆。他自言自语道：

“如果他告诉我哪里不可以去，如果他对我说：‘花园里长着一些不洁之果，古树林里有野兽出没，虽然我强劲有力，但还不能把有毒的植物拔起，让树林变成一片荒地，也不能在花园或树林的周围筑起篱笆，不让人走进。但我警告过你，不要进去。我这么对你完全是因为爱你，无法容忍你走进那里。’”

孩子想，他就不会再发问了，而只会心甘情愿地服从；但孩子的好奇心又让他想到，他真的贸然闯入，吃了那些恶果，或者被凶猛的野兽撞伤，此时，要是监护人能安慰他，告诉他不再进去，以免受伤，他会更加热爱监护人的；他还想，如果监护人出于愤怒打了他，然后双眼含泪地对他说，伤害了他也让自己痛苦不已，这样做的目的是让他知道那些地方的邪恶。那么，他不但会原谅监护人的种种粗暴，而且还会默默地承受。但是，令孩子无法理解的是，监护人时而慈爱、温柔，时而冷酷、粗暴，没有一句解释。所以，孩子对自己说：

“我受尽了他的束缚。他可以为所欲为，但我不会再信任他，也不会再爱他，因为我看不出他这么残暴对待我的理由。如果他告诉我原因，我会十分乐意听从他的训导，服从他。”

孩子思绪万千，满脑子的胡思乱想，而监护人却再也没来看望他。孩子为自己受到的虐待伤心不已，现在的他无人理睬，萎靡不振，心中只有恐惧和沮丧。

就这样，脑海中的想象已然成型，塑造了一个悲伤而古怪的寓言故事。“完美之爱！”果真会是这样吗？然而，上帝为他脆弱的孩子做了许多事情，但如果人类这么做，就不会被当成爱。如果上帝向我们保证，这一切都是为了把我们引领到幸福，我们就会欣然承受他给予的残酷的打击，以及他无情的旨意。但是，他打击了我们，然后离开。他是在愤怒中转身而走的，因为我们违反了一条闻所未闻的戒律。当我们再一次地恢复平静，快乐起来，又开始深深地爱上他时，他却又一言不发地把我们击倒。我希望，我迫切地渴望看到这一切都是源于某个伟大而完美的意志，这个意志具有所谓的仁慈、正义和爱的品格，它像朦胧的阴影笼罩着，我却无法捕捉得到。我们无法逃避，只能承受上帝让我们承受的一切。我们可以挺身而出，进行顽强的抗争，直至他宽恕或打败我们，送给我们悲伤或欢乐。我唯一的希望，就是与他合作，欢欣鼓舞地接受他的惩戒。但他会再次夺走我的欢乐和勇气，直到最后，我都不知道到底是在为谁服务，上帝还是暴君？怀疑他是不是暴君真的有用吗？再一次，我不知所措，陷入迷茫与绝望，就像一个人陷入迷宫般的巨石阵中。

1891年2月14日

落空的意愿

基督教的导师说："上帝许给你一个意愿，一个去行动和选择的意愿，你的意愿与上帝的意愿一致。"

唉，我不知道，自己拥有的自由有多少属于自己，有多少属于上帝。上帝似乎总能行使自己的意愿，而且永远会达到目的。然而，即使人类行使意愿的过程神圣而美好，却根本无法追寻到自己的意愿。与我一样，人们或多或少地受到羁绊，有些人似乎压根就无心求善，甚至不明白何为善行。那个被抛弃的孩子，在残酷与粗暴中长大，继承了邪恶，我想他是不自由的。有时，出于内心的纯洁与力量，他拼命行善。然而，大多数情况下，他为邪恶所吞没。意愿，是一个不受条条框框约束的礼物，有时对我慷慨一点，有时对你吝啬一些，有时却对他一毛不拔。我真的希望，自己的意愿能与上帝的意愿契合，那么，我会完全听从上帝的意愿。如果上帝约束了我，我将不会存有任何力量或气力。我不会责备，只请求理解。上帝给予我的理解，在我心中注入正义与仁爱的梦想。他为什么不向我表明，他已满足了我的梦想呢？我与大卫王[1]一起吟诵："瞧啊，我来了。"但上帝却未上前悦纳我，甚至我在远处时，都没有像刚才讲的那个寓言故事里的监护人认出犯错的孩子

①《圣经·诗篇》作者。

那样认出我。

基督教的导师说，一切都会在耶稣身上得以默示，上帝也在调整，但并不是让愤怒的上帝与任性的世界和好，而是让悲伤粗暴的世界，与不能向世界默示他就是爱的上帝保持一致。

然而，基督说，上帝充满怜悯，仁爱无边，上帝主宰一切，甚至包括我们掉落的每一根头发。但是，如果上帝能这样主宰一切，他一定不会放任我们的内心和意愿，那么，我们所有身存的罪恶也一定是他的设计。不，这种想法太阴暗，太令人绝望了。我不知道，也不可能知道。我只会在无知中一路蹒跚，直到终点。当一缕阳光撒落在我疲惫的身体时，我会感到欣喜，而有时，只知道在凄风苦雨中裹衣前行。我知道，我在上帝手中。我希望，自己可以大胆地去信任他。但他在身边时，我的信心却已动摇，如河流中随风飘摇的芦苇。

1891年2月18日

羔羊

这是一个寂静的早春的上午，我正在读书。阳光暖暖，偷偷地溜进来，抚摸着我，让我沐浴在明媚和温暖之中。如果心有愧疚，就是愧疚一整天自己的身体都处于慵懒的状态，而且还反复叨念自己的怡然自得。思想和灵魂，急迫地渴求死亡与沉默。然而，与此同时，我忠实而得力的身体，却一直在快乐地吟唱，这种快乐似乎还要延宕许多年，这让我无地自容。我是否该学会遗忘？

我在田间长久地漫步，沐浴在清新、温暖的空气中。啊！美妙的世界！万物萌发——牧场上绿草茸茸，树林中树叶淡淡，到处都在孕育着无形的生命！我久久地站在门旁，观看刚刚诞生的羊羔，它的叫声哀婉动人，如音符般在空中飘荡。这些小羊，脸色黝黑，一身灰色，双腿高高直立，像踩在高跷之上。虽然只有一两周大，却已经学会了走路和嬉戏，还会以自己独特的方式玩耍和沉思。羊妈妈咩咩地叫着，一刻不清闲，一会儿吃草，一会儿照顾羊羔。有一只母羊站在它入睡的羊羔身旁，不停地跺脚，毫无疑问，它是想把我吓唬走。而那只小羊羔呢，却像一块门垫，蜷缩着趴在草地上。另一只母羊却粗暴地驱赶着一只它不认识的小羊，每当小羊接近时，母羊就用羊角顶它。还有一只母羊在反刍，它的羊羔在吸奶。似乎从未见过这样的情景，这真是一出美妙绝伦的人间戏剧，年复一年，周而复始，却从不一样。

年老的牧羊人，手里拿着赶羊的曲柄杖走了出来，几句问候之后就离开了。羊羔乖乖地跟上他，母羊在后面一跳一跳地走着。

“他一定会在绿草肥沃的牧场让我们饱餐一顿，然后，再领我们到水边尽情地畅饮一番。”

多么美妙而甜蜜的景象！这动人的景象深深打动了我，仿佛许多年前在伯利恒的山上曾经见过的那个景象，当时不知打动了多少苍老的心房。

啊，然而今天，对我而言，这种景象似乎有一个至关重要的缺憾。当全身心地专注于上帝时，所有的那些向导、监护人、牧羊人的形象怎么变得如此破碎零散！因为在这里，牧羊人只是比他的羊群聪明一点，强壮一点，他能辨别羊群的困境，设身处地地为它们着想。但对上帝而言，上帝既是向导，也是创造者，因为他创造了所有他要引导我们渡过的危难。如果感觉上帝对那些危难自己也无能为力，感到悲伤和沮丧的话，就更应该真诚地求助上帝，恳求他不遗余力地帮助我们；但如果觉得所有的这些困惑与痛苦都来自于上帝之手，又怎能一心指望他阻止这些他所创造的、至少是放任的危难呢？如果上帝真正关心我们，想帮助我们克服这些困惑与痛苦，那为什么它们仍然还会存在呢？或者，如果知道它们就是上帝明智而可怕的旨意，那么，怎样才能相信上帝将帮助我们渡过危难呢？因此，人们似乎再一次地陷入黑暗。如果上帝悦纳一切、仁爱无边、无所不能，那他真的能创造或允许某种事物，置身其外，甚至与他敌对吗？如果这一切都不幸言中，我们又怎能崇拜上帝，信仰上帝呢？然而今天，看到这群小羊，我真的感到上帝仁爱天父之心的存在，这颗心因我的痛苦而悲伤。上帝把手放在我肩上，安慰我说：

“孩子，不要这么烦恼，再忍耐一下！”

1891年3月8日

遥远的希望

今天，某种东西——遥远朦胧，却充满快乐——突然在内心深处呐喊起来。我感觉——只能用这种比喻的方式表达出来，因为过于抽象，难以直言——像一位妇女感觉到一个小生命在她体内的跳动；像出游者在茫茫山脉之中迷失方向，听到亲切的呼唤时内心的狂跳；像被上涨的潮流挤入小溪的河水，在潮水退却后重获自由，顺流漂下时的欢快；像春风沐浴之下冰封的土地开始融化、树木开始抽枝发芽时，花园里的土地内心的欣喜。

这种种悸动的感觉，在沉默的灵魂中蠢蠢欲动，也让我们看到了黑暗存在的迹象。

漫步在温柔的空气中时，我就产生过这种感觉。不是身体的轻松让我悸动，因为我一直慵懒疲倦、烦躁不安、坐卧不宁，而是我意识到，活着真好，尽管我孤独寂寞，心力交瘁，但仍感觉到，冥冥之中有什么在等待着我，而且它值得我满怀期盼与耐心去走近它——悲伤与失去，并未使生命凄惨不堪，却让生命更加充实，天堂里有我珍藏的宝藏。这像是一种幻境，但它比幻境更美丽。也许，在另一个世界，我的亲人们已然醒来，发出了寻找我的信息。常常在想，我们出生的这个世界，如果最初的几年像现在这样麻木而平淡，那么，另一个世界也会同样的平淡无奇。在那里，或许可以得到允许，休息和沉睡。这似乎就能解释，为什么在当初悲伤的日子里，当悼念者满心悲痛地与消亡的灵魂交流时，当超越生命界限的灵魂向人们的渴望发回信息时，世界没有任何回音，也没有任何暗示抑或征兆。也许，之所以假以时日，悲伤会渐渐消散，就在于我们所挚爱的灵魂想方设法地把治愈伤口的灵丹妙药敷在了我们悲怆的心上。

我无从知晓。但今天晚上，当我站在山顶，看见璀璨的夕阳下云蒸霞蔚，我的灵魂微笑着苏醒了，呢喃着发出希望之音。我已失去了能让生活变得丰富而快乐的一切，如仍能感受到那残存着的难以割舍的希望，它打破失望而站在了渴望生存的一方，那么，在黑暗的生活中，一定有什么在等待着我——我不希望是爱，也不去渴求过去拥有的那种语言天赋，只希望是某种需要我学习、理解和领会的东西。我想，我已学会不再贪求，也不再紧握不放，贪心的占有欲早已离我而去。在人生课程的学习中，如能卸下重负，帮助无力的双脚前行，就该心满意足。责任、快乐、工作——人们总好给生活起各种奇怪的别称，总是反常地把连接一起的丝线生硬地割断，因此对我变得毫无意义——不指望没有悲伤或痛苦，但我将不再把它们与人生的经历一刀两断。假如有一件事是快乐的，我便要尽情享受；假如它是悲伤的，我就要竭力躲避。我要把生活当成一个整体，而不是把它肢解得支离破碎后再去选择。悲伤，将成为一所沉默的教堂，里面圣火通明，我会常常走进去，俯下身来，不是默诵那些刻板的祷词，而是把自己完全交给圣坛，听从它的召唤。它完全属于我，没有好奇的眼睛在窥探，这是一个受到保佑的庇护之所。悲伤，正用强有力的大手，把我从焦虑、担心、幻想与希望的旋涡中救起，我明白，虽然自己仍在继续与激流抗争，试图抓住彼岸的救命稻草，希望从河流中救出什么，但我根本无法拯救自己。现在，我已与上帝面对面地站在一起，他脱下我褴褛的外衣，让我浑身赤裸，毫无羞愧地紧紧依偎在他的身边，我的心与他的心紧贴在一起。

1891年4月3日

体验人生

最近，深深地体会到人生真谛：我们来到这个世界，不是为了享受眼前的快乐，而是为了体验人生。我想，大多数人的误区，就是获得满足后仍伸出手来。即使学会做事时，没有感受到满足，但在做事的过程中也很难体验到成长。我要再次强调，我们所需要的，也能让我们受益的，就是人生的经历。有时，经历的获得要历经苦难、无助、枯燥、无谓的困难。然而，当痛苦消退，谁还会希望痛苦再次降临呢？我想没有人。因为痛苦，我们变得更友善，更坚强，更纯洁，更平和。有时，不如意的生活会让我们获得经历。只是简单地摆脱生活中的不如意，还难以解决快乐这个问题。生活，不可能变成人间天堂，即使在尝试的过程中也会伤及心灵。我们所能摆脱的，只是生活中的徒劳、浪费以及常规。即使有时会犯错误，但仍可以追求所谓真正的生活。

今天，人们犯的最常见的错误，就是如此之多的人总会纠缠于一个模糊的想法，即人们所说的行善。大多数人所能做的善事，就是尽心尽责地干好工作，履行职责。如果意识到人生真正需要的是体验，而不一定是快乐或满足，人生观就会改变，就会发现，当受阻于自己所选的愉快的工作时，从无果的劳动中我们所获得的并未减少，甚至更多。即使在枯燥可怖的劳动中，当意识到有些疏忽难以挽回，有些轻率的放弃影响了生活，这时，这种意识就会燃烧起来，钻入心灵，如同炙热的灰烬冒着烟雾掉进地毯。在人生的这些时刻，我们才会有所行动，开始攀登。工作、吃饭、大笑、聊天的时候，是无法获得值得称道的满足感的。生命的价值不能以时日、成功或平安来衡量，而应以人生经历的质量，以及从经历中获益的程度来衡量。遵循这样的人生真谛，艺术——悠闲之人殚精竭虑为悠闲之人设计的娱乐形式——似乎该黯然隐退。更进一步说，人们会认为，如此轻易得到的快乐几乎就像苦涩的药中掺入白糖，足可给予我们继续生活的勇气和信心。当然，忙中有乐和自我满足都是最普通的快乐形式。还有一些其他的快乐，如最真挚的爱，是更高层次的人生经历不可或缺的部分。倘若能以正确的方式把握它，竭尽全力地维护它，没有抵触，不玩弄，不淡忘，那么，就会以更快的速度通过人生的终极考验，也就是说，不应该胆怯地逃避，而是让真理在我们心中留下不可磨灭的印迹。

我想，这似乎就是纯正宗教的本质。固守某些信条或信仰，在我看来，似乎已丧失了朝气，如同坐在轮椅上，却想升入天堂，只能延缓，而不是加快了对真理的领悟。我的脑海中，想到了一些宣扬神秘主义的书籍，它们主张不切实际的奉献和虔诚，实际上，却是在教唆人们卑躬屈膝，为所谓崇高的付出和努力祈求宽恕。令我更加难以置信的是，书中灌输了对人类个性神秘的崇拜，认为耶稣所遭受的人间劫难十分健康有益、自然合理、符合基督教义。我简直不敢想象，耶稣基督会亲自宣扬这样一种理念。如果有人找到耶稣，表达了追随他的意愿，我相信耶稣一定想知道，这个人是否珍爱他人，是否憎恶分明，是否信仰上帝，而不会让他去背诵刻板的教义，更不会为自己的教徒推荐带有神秘色彩且言辞激烈的书籍去阅读。至少我不相信，在《福音书》中也没有找到任何的证据让我相信。不管怎样，获得人生经历终会让我们受益匪浅，这一信念给予我极大的帮助，而且我相信，今后会给予我更多的帮助。我还未完全彻底地遵循这一理念，但我十分确定，真理就蕴藏其中。

总之，真理就在那里，我们知不知道，并不重要。真理就是这样，而非那样，不管信与不信，都不会改变真理。这也算是一种慰藉吧。

1891年4月24日

昨天晚上，上楼准备睡觉时，发现把书落在了楼下，因为我正在读它，就下楼去取。我找不到火柴，费了半天劲也没有找到书。想到视力对看清事物是如此重要。

突然，脑海中闪现了一个念头。假设有一种生物，智力发达，却没有视力，生活在黑暗之中，只靠听觉和触觉获取印象。假设他被领进了一个房间，比如说我的房间吧，他要努力获取房间的印象。椅子、桌子甚至乐器，都可以解释，但他如何弄清楚写字台和台上的物品呢？他会怎样猜想绘画的用途呢？最难的就是，他会如何看待书籍呢？他会发现，我的房间里装满了古怪的长方形的东西，靠折页打开，里面是一层一层的纸，凭借敏锐的触觉，他能清楚地辨别出书上面奇怪而模糊的凹痕。然而，他永远也不可能猜出这些物品所使用的目的，是为了人类思想的交流。他会认为这些纸是什么呢？我浮想联翩。如果我们自己在这个属于我们的、近乎完美的世界，真的缺少了某种感官能力，我们的缺陷会暴露无遗吗？我们经常遇到各种各样、难以辨别、无法解释的事物以及不公、疾病、痛苦、邪恶，却无法猜测它们的含义和用处。但是，它们的的确确地存在着！实际上，它们就是房间里的家具，既简单，又完整，只是我们辨别不出它们。这种想法当然有些异想天开，但我更倾向于认为，这不全是异想天开。

1891年5月10日

上帝般的平和

现在的问题是，在这个世界是否可以获得平和与宁静，以此作为反驳所有的灾难、痛苦、悲伤、失落以及怀疑的证据？我敏感多疑、神经脆弱、情绪多变，有时信心百倍、有时胆小怯懦，对形象化的东西感觉敏锐，像我这样的人有可能获得这种平和与宁静吗？抑或它们仅仅是脑力、道德或体力方面的事情，取决于某种品质的平衡，一些人有，一些人没有。这种平衡普通百姓可以获得吗？所谓平和，指的不是冷漠或者淡泊，不是宗教意义的平和。在一些人身上所看到的那种平和，只是一种处心积虑的想当然的表现。我认为这种平和，是不真实的，也不可能想当然地实现，而且在任何情况下，想当然的事情，从逻辑上或情理上都没有多少可能性。我所指的平和，是一个人拥有的心态，他的爱激情四溢、他的痛痛彻心扉、他的渴望深切强烈、他的恐惧触目惊心。然而，在爱与痛苦，渴望与恐惧的后面，是内心的城堡，灵魂在这里栖息，它牢不可破、坚不可摧。这种内心的安全感不可能完全理性，因为理性无法解决我们面对的种种谜团，但同时，它也不会完全地失去理性，因为那样恐怕连具有顶级智力天赋的人也无法企及。所谓的平和，应该符合任何一种素质，如身体素质、道德素质或思想素质，它必须可以弥补身体方面的弱点，易于成为强烈诱惑的负担。它还具有敏锐的头脑，犀利的目光。平和的关键，就是和谐的生命力，个人之心与世界之心融为一体。它高高耸立在海上，如岩石，如灯塔，无论下面波涛如何汹涌地拍击着礁石，无论浪花如何猛烈地撞击着窗棂，它一直都在誓死保护着生命之火熊熊燃烧。

如果平和可以获得，就值得为其付出，为其承受任何痛苦。如果平和不可企及，就要尽可能地保持淡漠，不去热爱，不去仰慕，不去渴求，因为这些都会变成情感的航道，痛苦的河水会一路流淌而至。

人们小心翼翼地接近这些航道。这时，传来了一个声音，虽微弱而遥远，却甜蜜而动听，似乎在呼喊着让人们不必害怕，呼唤人们打开每一条心灵的航道，让激情荡漾的经历、振奋人心的思想、无限崇高的希望、大公无私的渴望，都可以流入心灵。我已看见，或梦想着看见，这种平和出现在我所熟稔的仁爱之人的脸上或声音之中，它蕴含了无限的感激、纯真的本性、天真的爱意，能够识别乌云掩盖的欢乐，绝望背后的希望。

这种平和一定不会屈从于任何事物，成为软弱的帮凶，它一定是一股强大而炙热的能量、一种体验经历的渴望、一次海纳百川的宽容、一个令人鼓舞的希望、一次意志坚定的忍耐。这就是我对上帝的请求，仅此而已，再无他求。

1891年6月6日

乡间小径

今天的出行非常愉快。我先乘火车走了一段路，然后在一个路边小站下了车。沿着一条乡间小路，来到了一个旧农舍前。农舍有高高的山墙，窗户上有窗框，地上尽是凌乱的杂物，一幅浓郁的乡村生活景象。然后，我穿过杂草丛生的低洼的牧场，看到鸟儿埋身于树叶沙沙作响的林中，唱出甜蜜的歌声。乡野里兰花遍地，都是葡萄酒般的紫色，金黄的毛茛在肥美的牧草上随风荡漾。我走进树林，长久地在绿意盎然的树丛中行走。四周沉寂无声，只有高大的树枝在头顶簌簌作响，鸽子在林中深处咕咕地发出叫声。一路上只路过了一所房子，是一个由灰色的石头砌成的小农舍，处于一片开阔地的中央。房子周围是一片安宁的景象，让我想起了小时候常读的一本书《公主与妖魔》[①]，里面充满了树林奇遇和妖魔出没的故事，神秘而浪漫。

下午时，有一段时间我曾感觉心情忧郁，感慨人生的无助与孤寂，觉得自己仿佛走在虚荣的阴影中。但树林中优美的景色，野性的芬芳和清新的空气，渐渐让忧郁在心中融化，俨如在跳跃的火苗上揉搓着冻僵的双手。有人告诉我，低语的树丛饱含上帝宽厚而温柔的爱意。因此，在那一时刻，我已与上帝的心近在咫尺。人生的奥秘在于忍耐，在于承受，不必淡然视之，

①英国作者乔治・麦唐纳所著，作者以苏格兰民间故事中的恶鬼为线索，虚构了一段妖魔王国的历史。

也不必无动于衷，只需用平静的意志面对悲伤与痛苦。这样，虽深陷其中，也不会让你感到痛不欲生。散步时，我突然意识到，我的心与未来竟然一直相伴相随。美丽的过去已然逝去，我对它心存感激，但却不会期望它重新再来。我的感受，与一个正在艰难地穿过荒野之人的感受如出一辙。

“我敢保证，”他自言自语道，“路就在这里。这个山脊，这片幽谷，都是路标。路一定就在这溪水的旁边，在那片浓绿的树林之中。”

他一直在说服着自己，尽管是徒劳的。终于，他找到了出路，那条出路清晰无误地出现在他的眼前，于是他不再胡思乱想，只是一直朝前走去。毕竟，我的悲伤已指给我一条正确的道路。过去，我一直幻想着自己正向家的方向走去，有时自己处于所有亲人的爱抚之中，有时陷入艺术的狂喜之中，有时沉浸在所选的事业之中。然而，在内心深处，我知道，自己只是一个悠闲的过客。现在，我终于清清楚楚地看见了那条通往人生归宿的道路，我不再迷茫，不再一味寻找借口假装匆忙，我已真正地找到了路标。这条路，在盲目和安逸中是无法选择的，无须再对它有任何的疑虑，只管拭目以待，看在宁静与必然之中，那些虚伪的抱负、美妙的空想、渺茫的希望如何灰飞烟灭！我过去所追求的一切，都是虚幻的欢乐。虽然我仍渴望快乐，让脆弱的本能发挥全部力量去追寻快乐，但现在我认为，这样根本无法获取上帝的悦纳。这不再是希望与失望的问题，而是罪与罚的问题。这个问题远比希望与失望的问题更为真实和强烈。我的罪过与痛苦，是上帝许给我的旨意。虽然我从未渴望邪恶，却经常掉入邪恶的泥潭。没有一刻，我不尽己所能争取变得纯洁、无私和坚强。当一种强烈而炙热的渴望，取代了以往奢华的欢乐、涌入我的心房时，那是我最幸福的时刻。无论上帝送来的是什么，我都会满怀虔诚与信心去接受。疲惫的身体，倦怠焦虑的思想，不过是一层磨薄了的面纱，悬挂在上帝与心灵之间，透过这层面纱，我看见了上帝之爱的荣光。

1891年7月20日

上帝的智慧

在一个温暖明媚的午后，我突然醒悟，意识到了自己的所得、所失。这些天里，一直非常渴望独自一人待着，就漫无目的地来到了乡下。我长时间地站在牧场门口，俯瞰着下面的山村，一间带着山墙和烟囱的农舍，耸立在宽阔的田野上。田野里麦子还未抽穗，如波浪般上下起伏。一只布谷鸟，在附近的榆树上发出长笛般的叫声。听到这个声音，种种往事突然闪现在脑海，如梦幻一般，让我想起了那些久远的无忧无虑的幸福时光。我的四周围满了热情而快乐的人们，他们陪伴着我，眼中笑意盈盈，与我亲昵无间，洋溢着难以掩饰的幸福。那时候，世界到处都是甜蜜和惊喜！夜晚时分，在愈发浓密的雾色中，我坐在花园里，花园香气四溢、静谧宜人，阵阵微风吹来，送来了甜甜的神秘感。亲人们沉思的目光、弯曲的臂弯、贴紧的脸颊，构成了一幅多么美妙绝伦的风景啊！一切显得那么质朴自然。但现在，这一切都已结束，都已成为过去。过去与现实之间已筑起了一条鸿沟，已成为丁尼生所说的苦涩参半的"往日的激情"[①]。一想到那些逝去的日子，泪水突然夺眶而出，心中涌起了一种强烈的渴望，希望往日重现，自己再重活一遍，让生命更加充实，让叛逆主宰渴望，以漠然的态度，放任自我，恣意享受往

①丁尼生曾说，童年时，就一直萦绕着一种"往日的激情"，他的诗就是关于"往日的激情"。

昔的狂喜。我心潮起伏，突然产生了一个念头——它像流星一样升入蓝色的夜空——过去的一切，根本就没有消逝，如未来一样，它仍在那里，一动未动，已融入真我，难以磨灭，永远留存。直觉还告诉我，人生的奥秘并非真正存在于快乐之中。那么，这奥秘又是什么呢？这奥秘就是，人必然一直前进，在上帝坚强的手臂引领下，如蹒跚学步的孩子那样慢慢前行。要知道，痛苦与悲伤，一如既往、美丽如昔，不必为逝去的欢乐心存不满，要继续向前，享受蕴含在痛苦与悲伤之中的快乐，享受失去快乐的快乐，因为我领悟到，人生最根本的目标，不是为了快乐、生动和坚强，而是为了更加睿智、宽宏和富有希望，哪怕以失去快乐作为代价。我明白，我会不惜任何代价留住过去的悲伤，增长迟迟不愿学到的智慧。虽然重负已让双臂肿痛，但我还是要挽留这弥足珍贵的一切，永远也不愿与之割舍分离。我也很欣喜地发现，即使我出于孩童的任性，故意放下负担，跑到花丛中玩耍，但上帝比我坚强，不会任我随意丢弃已有的收获。我也许，不，是确定无疑的希望，有一颗更加自由、轻松的心。我像一个女人，经历了生产时的痛苦，无论照顾孩子多么麻烦，在任何情况下，都不会希望自己未曾把孩子带到世上，没有体会到母爱。我的确认为，自己已履行了使命，我很欣慰，因为痛苦已被我远远地甩在了后面，即使痛苦会让我远离那些无忧无虑的日子。希望在未来的日子里，自己可以做一次朝圣之旅，来到让我可以豁然开朗的地方，找到自己精神的归宿，像圣人一样亲眼目睹基督显圣①。这的确是一次显圣，因为真爱、悲伤和希望已被上帝的天堂之光深深触动。

①《福音书》中叙述耶稣在山上祈祷，面容改变，衣服洁白发光。

1891年7月24日

带翅膀的鲜花

昨天，沿着一条乡间小路穿过一个牧场。初夏时分，野草正在生长，花儿一团一簇地出现在眼前。有一片婆婆纳，像一簇簇蓝宝石铺撒在地。为什么会为那些鲜花动情，难道它们传递了某种信息让我们感慨？有一条小径从路上叉开，我看见一束束不知名的花蕾，长在高高的花茎之上，它们个头很大，颜色淡淡的，看起来更像豆荚，而不像花。我憎恨践踏牧草，却难以抗拒冲动和好奇，于是走向花蕾，正要附身凝视。噢，看啊，所有的花朵就像听到了同样的信号，齐齐在我眼前绽放，打开它们湛蓝湛蓝的翅膀，从我面前飞走。它们不是朵朵鲜花，而是一群蝴蝶，玩耍累了，合上了翅膀，在高高的草梗上沉入梦想。它们栖息在那里，就像折叠收起的承诺，包裹着华丽的紫色外衣。也许，我的希望现在也在休息，同样披着黄褐色的外衣，一动不动，似乎已然死去。也许，当我悄然接近时，它们会一跃而起，瞬间恢复活力，在阳光下舞动着飞去，融入水晶般清澈的天空。

1891年7月8日

基督教科学

上周去城里待了几天，处理了一些事务，见了见老朋友。一天晚上，两三个客人过来与我共进晚餐。不知为什么，我发觉自己对其中的一位客人，一位刚刚认识的妇女，竟莫名地敞开了心扉。她真是一位既能干又有教养的女人。但令朋友们感到惊奇的是，她最近开始学习了基督教科学。以前见她时，认为她自我保护意识很强，似乎有些古怪，难以接近，过着一种神秘而封闭的生活，总好像在举着一块世俗的盾牌在抵御世界。今天晚上，她放下了盾牌，我看见了一颗纯洁而仁慈的心在跳动。她认为，不应随意相信事物的局限性，因为根本就不存在局限性。我吃惊地发现，她情感丰富而强烈，对所有悲伤与痛苦持有深深的质疑，但能报以同情。她恳请我接受基督教科学——

"不要去读它，或者谈论它"她说，"那没有用，它是一种生活，不是一种理论。只有接受它，依靠它生活，就会发现它是真实的。"

但我的理智却在抵制基督教科学的根本观点——我发觉，或自以为发觉，这个女人头脑灵活，心思缜密，但并不明智。我想，痛苦、悲伤和折磨就是现象，与其他自然现象一样真实，置身其中，体验它们、接受它们，会受益匪浅；而否定它们，却没有任何益处。否定它们，就如同否认世界上有红色一样，如同说人们所看到的或者辨别出来的红色，都是一种错觉。他们该好好地利用一下自己的认知能力了。如果悲伤和痛苦都是错觉，那么，怎么知道爱与欢乐不是错觉呢？它们一定会遭遇同样的命运。我之所以相信爱和欢乐会战胜一切，就在于我有，我们大家都有，对爱和欢乐本能的渴望。毋庸置疑，也有对痛苦和悲伤本能的恐惧。或许，不，我真的的的确确地相信，不管痛苦和悲伤是否真实存在，我们终将从中挣脱出来。只要学会在悲痛与悲伤中勇敢无畏地生活，不刻意躲避，也不惊异而匆忙逃避，我们终将会战胜它们。如果把时间浪费在抱怨上，浪费在后悔上，浪费在期盼无忧无虑、甜蜜安宁的时刻会从头再来上，就永远战胜不了它们，只会遭遇失败。即使知道在认清真理之前必须饮下痛苦之酒，我们也还要坚强到主动再申请一杯。但在黑暗笼罩之时，在享受酣畅淋漓的欢乐之时，上帝的大手已重重地压在我们身上。当生命消退之时，当所谓的积极力量疲倦衰弱之时，我仍会欢乐，因为上帝正向我们表露他的意愿。那么，悲伤就已结下累累硕果，而且它还会一直耕耘，仿佛正在成长的种子，在贫瘠的土地上奋力伸出纤弱的双手，朝向太阳，朝向天空。我和她，我们两人坐在点着烛火的安静的房间一角，长久地交谈，就像两位老朋友——有一两次谈话被音乐打断，那音乐如雨露一般滴入干涸的心灵。虽然不能接受这位朝圣伙伴的观点，我却发现，在她闪烁的目光中，满是同情和好奇。的确，我们两人都在选择陌生的道路，走向上帝所在的天堂。这次谈话，让我受益匪浅，它帮助我拥有了甜蜜温暖的友情。毫无疑问，上帝正以天父特有的方式教育着我的朋友，就像他教育我以及我们所有人一样。

1891年7月19日

流便的悲伤

在剑桥大学国王学院[①]礼拜堂[②]的一扇大窗户上涂着色彩斑斓的图案，我从小就为它的美丽所惊叹，好奇它后面隐藏着怎样的故事。

我想——也许我错了——它是一幅流便[③]的巨像，他正带着徒劳的悲伤，双眼满含痛苦，凝视地狱。他的兄弟们，就是从这里把他们憎恨的兄弟找出并卖给了米甸人[④]。我无法描绘出画像的细节，只记得灰蒙蒙的天空和鲜艳的红色。地狱被离奇地画成了吸水井，上面有一个结实的石头井盖，但这个荒唐的构思反而让人充满了更多的幻想。看看流便这个形象吧！——虽然十字铝框、窗格和岁月让画像有些模糊，但仍可看出他双手紧握，目光凝重，一种剧烈的痛苦已深深印到这个人物形象之中。

过去，常常好奇画像后面隐藏着怎样的故事。就艺术的魅力而言，在单纯的人物形象下面，在其展示的动作之外，一定拥有更加丰富和深刻的意义。流便懊悔的是什么呢？正是他的软弱和顺从，错过了保护他最亲爱的兄

---

①剑桥大学内最有名的学院之一，成立于1441年，由当时的英国国王亨利六世设立创建，因而得名“国王”学院。

②剑桥古建筑的典型代表，由亨利六世亲自设计，耗时近100年才于1547年建成完工。

③《旧约》中以色列人的祖先雅各的长子。新译名：吕便。

④基督教《圣经》中所载的一个阿拉伯游牧部落。这个故事选自《创世纪》37: 20–22，流便有感情和智慧，看见其他兄长计划把弟弟约瑟杀了，就劝阻他们，使约瑟得以存活，但后来被转卖到了埃及。

弟的机会。我想，他爱自己的兄弟，也爱自己的父亲，不愿意他受到伤害。在流便屈从之时，在他敷衍之时，最坏的事情发生了，这个兄弟离去了，被送到了埃及人的手中。在那里，这个孩子会受到怎样残暴的虐待，他不敢想象。他背叛了爱、正义和光明。然而，在上帝杰出的设计之下，背叛行为却演变成为了民族的希望与荣光。这种行为获得了仁慈的宽恕，实现了民族强大与繁荣的美好愿景，把富足家庭的种子播撒到无限滋润的土壤之中，最终打开一扇大门，让上帝见证了巨大的影响和辉煌的成就。

虽然这是一则寓言故事，但这人物一整天都出现在我眼前，在我思想的深处时而闪现出来，时而黯然退去。

是我自己，而不是死亡，纵容了灵魂的迷失——我从未精心蓄谋——但我知道，我已背叛了自己，一年又一年地背叛。一直鄙视那些脆弱而天真之人所拥有的梦想与视野，当这个人在荒野之中满怀信心地出现在我眼前时，我却听任他落入米甸人的手中。这些米甸人坑、蒙、拐、骗，无恶不作，从沙漠的动物到人类的身体与灵魂，都是他们出卖的对象。

后来，灵魂在我眼前香消玉殒，上帝把它从我失信的手中夺走。我终于明白，为了挽救灵魂，一定先要失去灵魂。如果让灵魂变得坚强、快乐和理智，就必须先要出卖它，让它受到奴役，历经黑暗的折磨。我终于明白，当我软弱无力、无法保护灵魂时，是上帝把它从我手中夺走。我终于明白，在地狱的黑暗之中，灵魂仍在进行艰难的旅程，一路前行，在从未梦想过的地方升华，获取纯洁和忠诚。流便一无所有，只剩下那颗充满愧疚和悲伤的心，以及那隐藏罪过的谎言。我与他不同，我已习惯了眺望，眺望那沙漠的尽头，那一群渐渐消失的骆驼，还有那耸立着的智慧王国的树林和宫殿。在那里，我悲伤的灵魂被困住手脚，孤苦伶仃，充满沮丧。我的心盼望着和解的一天，我畏缩犹疑的背叛就会得到宽恕，我定会喜极而泣；那时，灵魂甚至会为我的背叛而心存感激，因为它借此获得了重生。在羞愧与悲伤之外，还存在着和平与希望，如同在崇山峻岭之上的悬崖峭壁之巅，有着阳光熠熠的平原，在那里，我完全彻底地把自己交到了上帝手中。那一天，他就在我的身边，鼓励着我安慰着我充实着我。我没有隐没在响起愤怒号角的浓云之后，而是行走在温柔与欢乐之中，沐浴在爱的芬芳之中，沉浸在花园里凉爽的微风之中。

1891年8月18日

死亡之榻

老先生走了。他是昨天走的，走时拉着我的手。虽也曾想过他的离开，但他真的离开时，仍感到突然。他最近瘦了很多，他自己也知道时日不多了。在最后的几天里，我一直陪着他。他不能多说话，但脸上带有一种安详的光彩，让我想起了《天路历程》[①]中的朝圣者，他们听从召唤时也是快乐的。老人几乎没有什么欲望，对此我从未怀疑。但当知道自己的日子屈指可数时，他不自觉地流露出快乐的表情，如同一个囚徒，一直在勇敢地忍受牢狱之苦，终于知道自己即将获释时流露出来的快乐。每一次打击对他而言，不过是铁链抖动时产生的痛苦。

“我一生都过得很快乐，”有一次，他对我说，“回首过去，仿佛我前半生的幸福都渗透到了后半生，如同借助于一座金色大桥，把老年的欢乐与少年的癫狂都紧紧地连接到了一起。”

他带着浅浅的笑意，用奇怪的眼神看着我说：“虽然我挺快乐，但我其实挺羡慕你的。你不知道你多遭人嫉妒吧。再也没有了难舍难分的恐惧，美好的过去已经折起，不再有褶皱，不会再受到玷污。你享受过天伦之乐带来的挚爱——这是我所没有的。你还有了名气，比我又多饮了几杯人生的苦酒。

①英国人班扬所著，该书借用了寓言和梦境的形式，叙述了一个叫做“基督徒”的人前往天堂的朝圣过程。

我把你，”他笑着说，“看成一个老后勤部长。一生除了守家之外，什么活都没干过，见到一个勤杂工挂满勋章载誉而归，都会令你羡慕不已。”

过了一会儿，为了不让自己睡过去，他提起精神接着说：“你会惊奇地发现，你的名字出现在我的遗嘱里。请不要心存顾忌地去接受这些遗产。当然，我希望，我侄女能替我管家。但如果她比你先走一步，所有的财产就归你所有。我想让你继续在这个地方生活，在她寂寞的时候像兄长一样陪伴着她。还想让你多帮助我这里的邻居们，细心地照顾他们。有许多事情女人做不了，而男人能做。你的麻烦是，如何为自己的人生找到一个圆满的结局。记住，在遗产这件事上没有人受到伤害，我侄女是我唯一在世的亲人，所以请你接受这个遗嘱，把它当成人生的职责，不会很难的。奇怪的是，”他继续道，“人们总是对这样的琐事抓住不放，所以如果你愿意的话，我想让你用我的名。你必须找一个继承人，我希望是你自己的孩子，我可以慢慢喜欢上他。”

不久，他侄女走了进来，老先生对她说：“我已经告诉他了，他同意。你的确同意，是吗？”

我回答道：“是的，亲爱的朋友，我当然同意，而且不胜感激，因为你给了我一份工作。”

然后，隔着床，我捧起女士的手亲吻了一下，老人把他温柔的双手放在我们各自的额头，说道：“兄妹情深，永世不变。”

我看他累了，正要离开，他却说：“不要走，我的孩子。”

他躺在那里，满脸笑容，一副心满意足的样子。紧接着，脸色突然一变，我知道他要走了。我们跪在他身边。他最后的遗言竟是对我们的祝福。

1891年10月12日

见证

这本日记一直陪伴着我，让我度过了许多陌生、悲伤、恐怖或者快乐的时光，它是我忠诚的伙伴，无声的朋友，真正的贴心人。有话要说时，产生强烈的冲动时——无论最原始的本能，还是最天真的本性，我都向它倾诉，倾诉我的痛苦和梦想，因为我无法向其他人诉说，不想让自己的呻吟之声进入任何人的耳朵。或许，该向我最亲爱的莫德诉说，这样对我们两人都有裨益，但出于好意，我不该把自己乏味的忧伤再强加在她身上，她本已不堪重负。我无法把自己这么做的理由，堂皇地冠以出于男子汉的气概或者骑士风度，因为在失去创作能力的最初的几个月里，我的心态令人鄙视。另外，我不需要同情。我需要帮助，但这种帮助只有上帝才能给予。有一半的时间，我都在向上帝木然的祈祷中度过，祈祷他给予我力量和勇气，因为我在茫然失措时表现得很懦弱。当然，上帝赋予了我力量——我现在才认识到——不是通过点亮路上的灯火，而是通过让道路变得难以容忍的泥泞难行，他向我指示，让我必须负重前行。我仍然茫然不懂，为什么自己应承受这么残酷的惩罚；仍不明白，这种惩罚就是上帝给予我的帮助，而且按照我的需要调整了比重，帮助我克服寂寞和孤独。但现在，感谢这种痛苦的折磨，我也不再行走在虚幻的阴影中了。我已知上帝的愤怒，但我所处的黑暗不会给我带来越来越多的忧愁，只会带来黎明前的黑暗。我想，日复一日地记下自己的思想，如同病人在床榻上不时地挪动身体，只为了减轻无奈而麻木的疼痛。不管怎样，日记已经写了，它会作为见证，永久地保存下来。

平和之路

现在，我不会再继续写下去了。我会怀揣满心的感激，安然地融入无声的凡尘之中。像我这样的人，无时无刻不注意从地球、人群、房屋、大地、树林和云彩之中接受那些明显而清晰的印象，因为它们正被一种痛苦的欲望所困扰，这个欲望想把所有的一切都付诸语言。嗨，我还是不明就里！我想，就是这种欲望，似乎使清晰的日记变得如此独特、如此美丽、如此有趣，只因我无法忍受那么生动而新奇的画面被人丢弃后，消失殆尽。毫无疑问，这是一种艺术家的本能。穿过城市繁华的街道，与无数的人擦肩而过，要知道也许只有一两个人有着同样的本能，甚至还有可能因环境的制约，或者缺少机遇而被扼杀。其他人——生活对他们已然足矣——饥饿与干渴、真爱与争斗、希望与恐惧，是他们每日的菜单。生活无疑是我们注定要品尝的食物。在这些芸芸众生之中，有渴望的人屈指可数，有能力脱颖而出的人更是凤毛麟角。

谋生，交友，愉快地打发时光，这种单调的生活方式无法让人们满足。人们更渴望拥有存在感和影响力，按照自己的意愿塑造他人，指使他人为自己服务。我对这些毫无苛求。但现在我明白，自己的生活从源头就已受到了毒害，所以，就不断地奢求与众不同，不甘心老老实实地走在普通人中间。我像一个悠闲之人，坐在街道上方的窗台之上，观察着街上发生的所有场景，描绘着所有激发想象力的事件，为自己高高在上，能与凡人截然分开而沾沾自喜。这是我最大的错误，不能容忍卑微的双手把财富和爱人当成隔离受众的篱笆，生活在自己建筑的天堂之中。但现在，我已把所有的这一切都永久地抛之脑后，开始过一种学生式的生活，尽可能地逆来顺受。或许，我会真的被剥夺一切，被迫加入最卑微的劳动者的行列，每日为面包而奔波。但上帝已宽恕了我的软弱。如果注意到上帝是怎样专注于我，我却还没有看清他为我指路的那只手，就感觉自己真的有负虔诚之人的称谓。上帝为我提供了一份工作和一个归宿，让那些相继离我而去的亲人的严冬没有冻僵我的心，反而让真爱成为连接那些逝去亲人的纽带，与她们变得愈发亲密。我完全相信，她们朝夕盼望着我好好过活。我之所以这么认为，不是出于推理，不是出于信念，而是出于更强烈而深切的本能，这让我即使心存疑虑，也根本无法置之不理。如果带着热切的希望去期盼死亡，会让人感到多么不可思议。死亡近在咫尺，我已无法想象出比它更受到欢迎的消息了。但我却并不希望死去，我仍神奇地保持着健康的躯体。我有着更为大胆的想法，希望自己慢慢地学会将他人的快乐建在自己之上，倾听所有悲伤和不满的声音，并努力去平息。为此，我将竭尽所能，殚精竭虑。这个希望并不遥远。人不可能转瞬之间就突破自我的生活。我模糊地知道，快乐无法依靠追求安逸而获得。对于这种观点，我过去既无法苟同，又感觉不快。现在，我明白了，这是颠扑不破的真理。如果可能，我会转过身来，投身于孤独无助而又永无满足的追求。我就是这么做的——可以坦诚地说——满怀深情和专注，追求莫德和孩子们永远的快乐。然而我认为，我所渴望的，是为了让他们明媚的阳光穿透隔膜，送给我温暖和光明。我清楚， 我所追求的最终目标——那将异常艰辛——不再是为了自己平和的心态，而且在我内心深处，我也不希望自己是为了这个目标，将来也永远不会是这个目标。所以今天，再一次读完全部的日记，泪水早已模糊了双眼。我想，这不是自我怜惜的眼泪，而是爱的眼泪。我将永远合上这本日记，不再继续下去。但我不会销毁它，因为它可以帮助那些后来的读者在悲伤与黑暗中拼命前行。我会欣喜地向他们揭示上帝为改造我的灵魂而付出的一切。我把这一切——那个可怜、可悲、畏缩的灵魂，他那微茫的希望，他对纯洁、高贵与平和的渴望以及所有的自我折磨、不幸的失败、难以启齿的过失、模糊难辨的弱点，都谦卑而坦然地放在了造就我的上帝手中。我无法自我完善，但至少可以与上帝充满仁爱的意志合作，可以把自己的手放在他的手中蹒跚而行，像一个胆怯的孩子紧紧跟随着坚强而慈爱的父亲。我希望被他的双臂举起，好奇他为何没对我的软弱给予更多的怜悯。但我完全相信，他正引领着我，走在回家的路上，这条路最好，最近。

图书在版编目（CIP）数据

圣坛之火 /（英）本森（Benson, A.C.）著；
王少凯 译. -- 哈尔滨：黑龙江教育出版社，2014. 8
ISBN 978-7-5316-7822-9
Ⅰ. ①圣… Ⅱ. ①本… ②王… Ⅲ. ①人生哲学—通俗读物
Ⅳ. ①B821-49
中国版本图书馆CIP数据核字(2014)第195775号

圣坛之火
SHENGTAN ZHI HUO

作　　者	〔英〕亚瑟·克里斯托弗·本森 著
译　　者	王少凯 译
选题策划	宋舒白
责任编辑	宋舒白
装帧设计	Lily
责任校对	徐领弟

出版发行	黑龙江教育出版社（哈尔滨市南岗区花园街158号）
印　　刷	北京鹏润伟业印刷有限公司
新浪微博	http://weibo.com/longjiaoshe
公众微信	heilongjiangjiaoyu
E-mail	heilongjiangjiaoyu@126.com

开　　本	700×1000　1/16
印　　张	18.5
字　　数	206千
版　　次	2015年1月第1版　2015年1月第1次印刷
书　　号	ISBN　978-7-5316-7822-9
定　　价	39.80元